智能制造类产教融合人才培养系列教材

机器视觉检测技术及应用

主　编　唐　霞　陶丽萍
副主编　王振超
参　编　黄文浩　李　奔
主　审　王　骏

机械工业出版社

本书内容共包含视觉检测系统硬件搭建、手机钢化膜裂纹的视觉检测与输出显示、齿轮缺齿视觉检测与输出显示、六角螺母定位的视觉检测与输出显示、轴承缺珠的机器视觉检测与分拣、电子芯片缺脚视觉检测与输出显示、汽车零部件的尺寸测量与视觉数据的 PLC 处理七个项目。项目均选自工业现场，以企业视觉检测岗位工作任务为出发点，遵循"由浅入深、层层建构、螺旋上升"的设计理念，以工业现场主流的国产 X-Sight 机器视觉检测平台和美国康耐视 In-Sight 机器视觉检测平台应用为主线，结合形式多样的栏目板块，以及丰富的数字化资源进行介绍。

本书可作为高等职业院校工业机器人技术、机电一体化技术、智能控制技术等相关专业的教材或企业培训用书，同时可作为从事工业机器人系统开发、智能生产线开发等工作的工程技术人员的参考用书。

为便于教学，本书配套有电子教案、助教课件、微课视频、交互式学习平台等资源，选择本书作为教材的教师可来电（010-88379375）索取，或登录 www.cmpedu.com 网站，注册后免费下载。

图书在版编目（CIP）数据

机器视觉检测技术及应用/唐霞，陶丽萍主编. —北京：机械工业出版社，2020.8（2025.1重印）

智能制造类产教融合人才培养系列教材

ISBN 978-7-111-66593-9

Ⅰ.①机…　Ⅱ.①唐…　②陶…　Ⅲ.①计算机视觉-检测-教材　Ⅳ.①TP302.7

中国版本图书馆 CIP 数据核字（2020）第 179564 号

机械工业出版社（北京市百万庄大街 22 号　邮政编码 100037）
策划编辑：王莉娜　责任编辑：王莉娜　杨晓花
责任校对：张　力　封面设计：张　静
责任印制：刘　媛
涿州市般润文化传播有限公司印刷
2025 年 1 月第 1 版第 8 次印刷
184mm×260mm · 12 印张 · 290 千字
标准书号：ISBN 978-7-111-66593-9
定价：39.80 元

电话服务　　　　　　　　　网络服务
客服电话：010-88361066　　机 工 官 网：www.cmpbook.com
　　　　　010-88379833　　机 工 官 博：weibo.com/cmp1952
　　　　　010-68326294　　金 书 网：www.golden-book.com
封底无防伪标均为盗版　机工教育服务网：www.cmpedu.com

前　言

本书是为深入贯彻落实《国家职业教育改革实施方案》（国发〔2019〕4号）等文件精神，主动适应智能制造产业迅猛发展对职业院校专业或课程建设的新需求，满足视觉检测技术职业教育培养需要而编写的。本书融入"互联网+"思维，是传统纸质教材和数字化资源关联、互动的新形态一体化教材。

机器视觉检测是智能制造生产线中的重要环节，掌握机器视觉检测技术的应用技能已迫在眉睫。本书按照智能制造专业人才的培养方案，考虑对产业发展的智力支撑，由教师、行业专家和技术骨干共同编写。本书以企业项目的实际检测需求为出发点，融入关联任务点和技能点，重点培养机器视觉硬件选型与场景搭建、定位工具和计数工具选用、脚本程序开发以及视觉结果输出与生产线联调的能力。

本书编写模式新颖，各项目设计了学习目标、知识链接、项目导学、X-Sight 视觉检测篇、康耐视视觉检测篇、工程师在线、知识闯关、评价反馈、延伸阅读等栏目，穿插了实践小贴士，并配有活动导学单（轴承缺珠的机器视觉检测与分拣活动导学单独立成册，夹于书中，其他项目的活动导学单作为配套资源赠送电子版），内容力求体现职业性。

本书认真贯彻党的二十大报告中"全面贯彻党的教育方针，落实立德树人根本任务"的要求，将"大国工匠"典型案例精彩呈现，以促成学习者工匠精神的培养。本书主要特色体现在：

（1）项目工程应用性强。与产业行业发展紧密联系、相互支撑，项目内容来自于工业现场，同时对接机器视觉系统技术应用师职业资格标准。

（2）形式适应移动学习。本书呈现形式包括纸质教材和数字化资源，丰富的数字化资源以二维码的形式融入纸质教材中，使教材获得了动感，增强了教学互动。

（3）结构凸显学生主导。本书设置了形式多样的栏目板块，如项目导学、工程师在线、知识闯关、延伸阅读等，同时融合课程思政，推送"大国工匠"经典案例，促进工匠行为。

本书在内容处理上主要有以下几点说明：

（1）以国产 X-Sight 机器视觉检测平台为主，提供美国康耐视 In-Sight 机器视觉检测平台解决思路，促进人才培养与产业需求紧密结合。

（2）项目"情境导入"来源于企业真实情境，并获得了项目的具体检测需求。

（3）各项目的视觉输出与显示部分内容，循序渐进地展示了机器视觉输出的不同形式，为解决工程现场的不同应用需求提供了借鉴。

（4）项目附"活动导学单"，引导学生在活动的过程中掌握知识，增强自主学习意识。

本书建议学时为 56 学时。

本书由无锡职业技术学院唐霞、无锡科技职业学院陶丽萍主编。编写分工如下：唐霞负责制订教材编写思路、教材结构，编写前言、各项目"工具应用及脚本编写"部分，并设计制作相关知识点的数字化资源和交互式学习平台等；陶丽萍编写各项目的"Modbus 配置和显示"部分，并参与设计了部分知识点的数字化资源；无锡信捷电气股份有限公司李奔提供了"工程师在线"案例；无锡科技职业学院黄文浩编写各项目的"硬件选型与场景搭建"部分，罗森博格（无锡）管道技术有限公司王振超也参与了部分内容的编写。全书由无锡职业技术学院王骏主审，他在评审及审稿过程中对本书内容及体系提出了很多中肯的、宝贵的建议，在此表示衷心的感谢！

　　本书在编写过程中，参阅了国内外出版的有关文献和资料，在此一并向相关作者表示衷心感谢！

　　由于编者水平有限，书中不妥之处在所难免，恳请读者批评指正。

编　者

二维码索引

（续）

目 录

CONTENTS

CONTENTS

项目1
视觉检测系统硬件搭建

【知识链接】

1.1 机器视觉的定义

在现代工业自动化生产中，涉及各种各样的检查、测量和零件识别应用，如汽车零配件尺寸检查和自动装配完整性检查，电子装配线的元件自动定位，饮料瓶盖的生产质量检查，产品包装上的条码和字符识别等。这类应用的共同特点是连续大批量生产、对外观质量的要求非常高。通常这种带有高度重复性和智能性的工作只能靠人工检测来完成，现代化流水线后面常有数以百计的检测工人来执行这道工序，但在给工厂增加巨大的人工成本和管理成本的同时，这仍然不能保证100%的检验合格率。有些检测，如微小尺寸的精确快速测量、形状匹配、颜色辨识等，用人眼根本无法连续稳定地进行，其他物理量传感器也难有用武之地。这时，人们开始考虑把计算机的快速性、可靠性、结果的可重复性，与人类视觉的高度智能化和抽象能力相结合，由此产生了机器视觉的概念。

机器视觉是人工智能快速发展的一个分支，用机器代替人眼来做测量和判断。机器视觉系统是通过机器视觉产品，将被摄取目标转换成图像信号，传送给专用的图像处理系统，得到被摄取目标的形态信息，根据像素分布和亮度、颜色等信息，转变成数字化信号；图像系统对这些信号进行各种运算来抽取被摄取目标的特征，如面积、数量、位置、长度等，再根据预设的允许度和其他条件输出结果，如尺寸、角度、个数、合格/不合格、有/无等，进而根据判别的结果来控制现场的设备动作。

机器视觉系统的特点是提高了生产的柔性和自动化程度。在一些不适合人工作业的危险工作环境或人工视觉难以满足要求的场合，常用机器视觉来替代人工视觉；同时在大批量工业生产过程中，用人工视觉检查产品质量效率低且精度不高，而用机器视觉检测方法可以大大提高生产效率和生产的自动化程度，而且机器视觉易于实现信息集成，是实现计算机集成制造的基础技术。正是由于机器视觉系统可以快速获取大量信息，而且易于自动处理，也易于与设计信息以及加工控制信息集成，因此在现代自动化生产过程中，机器视觉系统被广泛地用于工况监视、成品检验和质量控制等领域。

1.2 机器视觉系统的工作过程

典型的机器视觉系统一般由光源、光学镜头、摄像机、传感器、图像处理单元（或图像捕获卡）、图像分析处理软件、通信/输入输出单元等部分组成。典型的机器视觉系统的输出并非图像视频信号，而是经过运算处理之后的检测结果，如尺寸数据。上位机（如PC）和 PLC 实时获得检测结果后，指挥运动系统或 I/O 系统执行相应的控制动作，如定位和分选。视觉系统按运行环境分类，可分为 PC-Based 系统和 PLC-Based 系统。基于 PC 的系统利用了其开放性、高度的编程灵活性和良好的 Windows 界面，同时系统总体成本较低。以美国 Data Translation 公司为例，系统内含高性能图像捕获卡，一般可接多个镜头，配套软件从低到高有几个层次，如 Windows 95/98/NT 环境下 C/C++编程用 DLL，可视化控件 ActiveX提供 VB 和 VC++下的图形化编程环境，甚至 Windows 下的面向对象的机器视觉组态软件，用户可用它快速开发复杂、高级的应用。在基于 PLC 的系统中，视觉的作用更像一个智能化的传感器，图像处理单元独立于系统，通过串行总线和 I/O 与 PLC 交换数据。系统硬件一般利用高速专用集成电路（ASIC）或嵌入式计算机进行图像处理，系统软件固化在图像处理器中，通过类似于游戏键盘的简单装置对显示在监视器中的菜单进行配置，或在 PC 上开发软件然后下载。基于 PLC 的系统体现了可靠性高、集成化、小型化、高速化、低成本的特点，代表厂商有日本松下、德国西门子等。机器视觉系统基本结构示意图如图 1-1所示。

典型的视觉系统工作过程如图 1-2 所示：通过内含的 CMOS 传感器采集高质量现场图像，内嵌数字图像处理（DSP）芯片，能脱

图 1-1　机器视觉系统结构

离 PC 对图像进行运算处理，PLC 在接收到相机的图像处理结果后，进行动作输出。

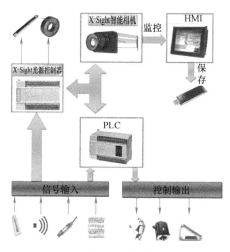

图 1-2 视觉系统工作过程

1.3 机器视觉系统的构成

一套机器视觉系统包括智能相机、镜头、光源、光源控制器、视觉电缆（两根）和智能终端，如图1-3所示。

1.3.1 智能相机

智能相机并不是一台简单的相机，而是一种高度集成化的微型机器视觉系统，其外观如图1-4所示。智能相机是机器视觉系统获取原始信息的最主要部分，目前主要使用的有 CMOS 相机和 CCD 相机。其

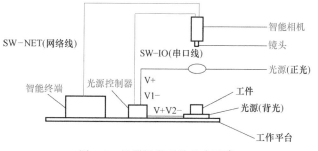

图 1-3 机器视觉系统基本要素

中，CCD 相机以其小巧、可靠、清晰度高等特点在各大领域应用广泛。它将图像的采集、处理与通信功能集成于单一相机内，从而提供了具有多功能、模块化、高可靠性、易于实现的机器视觉解决方案。同时，由于应用了最新的 DSP（数字信号处理）、FPGA（现场可编程门阵列）及大容量存储技术，其智能化程度不断提高，可满足多种机器视觉系统的应用需求。

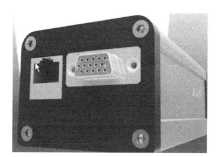

图 1-4 智能相机外观

1. 智能相机的组成

智能相机一般由图像采集单元、图像处理单元、图像处理软件、网络通信装置等组成。其各部分的功能如下：

（1）图像采集单元

在智能相机中，图像采集单元相当于普通意义上的 CCD/CMOS 相机和图像采集卡，采集前端集中了 30 万～200 万像素的 CCD/CMOS 传感器。它将光学图像转换为模拟/数字图像，并输出至图像处理单元。

（2）图像处理单元

图像处理单元类似于图像采集、处理卡。它可对图像采集单元的图像数据进行实时的存储，并在图像处理软件的支持下进行图像处理。

（3）图像处理软件

图像处理软件主要在图像处理单元硬件环境的支持下，完成图像处理功能，如几何边缘提取、Blob、灰度直方图、OCV/OVR、简单的定位和搜索等。在智能相机中，以上算法都封装成固定的模块，用户可直接应用而无须编程。

（4）网络通信装置

网络通信装置是智能相机的重要组成部分，主要完成控制信息、图像数据的通信任务。智能相机具有网络、RS232、RS485、隔离的输入输出 I/O 等对外交互接口，有完善的程序存储和 SD 卡文件存储，一般均内置以太网通信装置，并支持多种标准网络和总线协议，从而使多台智能相机构成更大的机器视觉系统。

由于智能相机已固化了成熟的机器视觉算法，用户无须编程即可实现有/无判断、表面缺陷检测、尺寸测量、几何边缘提取、Blob、灰度直方图、OCR/COV、条码阅读等功能，同时支持用户进行相机内部程序的二次开发，完整的嵌入式开发函数接口、文件系统、通信协议，可以使用户以最快时间集成自己的应用程序。

2. 智能相机的分类

目前相机分辨率一般有 640×480、1280×960、2560×1920 三种，对应的比特率为 38400/57600/115200。按不同分类，智能相机可分为以下几种。

1）按色彩模式分：单色（M）、彩色（C）相机。

2）按分辨率分：30 万、120 万、500 万（像素）相机。

3）按采集芯片分：CCD（XV3）、CMOS（XV4）相机。

以 XV 系列 30 万像素的 CMOS 单色相机为例，相机型号含义如图 1-5 所示。

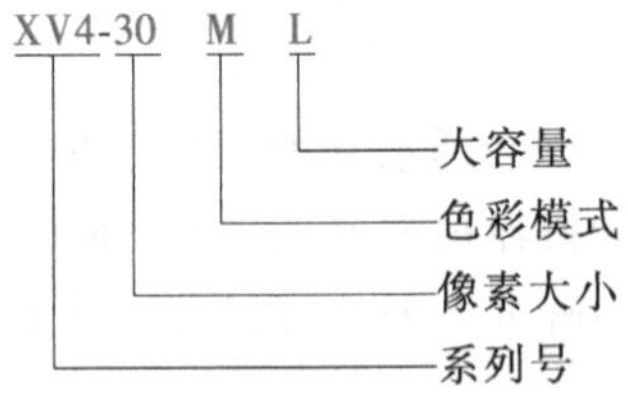

图 1-5　相机型号含义

3. 智能相机的使用

智能相机有 RJ45 网口和 DB15 串口两个接口（见图 1-4）。其中，DB15 接口给相机供电，同时可以引出相机端子。

1.3.2　光源控制器

机器视觉光源控制器的主要作用是给光源供电，控制光源照明状态（亮＼灭），还可以通过给控制器触发信号实现光源的频闪，进而大大延长光源的寿命。常用的光源控制器有模拟控制器和数字控制器，模拟控制器通过手动调节，数字控制器可以通过计算机或其他设备远程控制。

1. 光源控制器的分类

光源控制器可分为以下几类。

（1）模拟控制器

亮度无级控制；可将外部信号，如摄像机的触发信号输入至控制器；可以使光源进行频闪照明，从而大大延长光源的寿命。

（2）数字控制器

256 级亮度控制；可将外部信号，如摄像机的触发信号输入至控制器；可以使光源进行频闪照明，从而大大延长光源的寿命；通过串口将控制器与计算机进行连接，可以通过计算机控制光源的亮度；可手动进行亮度调节，具备掉电保存功能。

（3）频闪增亮模块

在触发增亮模式下，通过提高输出电压来增加光源亮度的模块。其特点：28V 输出，四路标准型通道，每路亮度单独可控，具备触发功能；使用频闪增亮模块可使普通光源的亮度增加 2 倍以上。

（4）大功率模拟控制器

两路标准输出，输出电压为 14.0~24.0V；每路亮度单独无级可调，具备触发功能；额定输出功率为 65W。

（5）模拟增亮一体控制器

模拟增亮一体控制器综合了模拟控制器和频闪增亮模块两者的功能。单独的增亮模块需要外部输入 24V 电压，而模拟增亮一体控制器内部已具有 24V 电压输出，不需要从外部取电。它具有无级可调功能，用户可以通过模拟增亮一体控制器外部的旋钮调节输入电压，控制光源的亮度。模拟增亮一体控制器具有以下特点：28V 输出；上升沿时间短（2μs）；三路标准型通道，每路亮度单独可控，具备触发功能。

（6）数字增亮一体控制器

数字增亮一体控制器综合了数字控制器和频闪增亮模块两者的功能，具有以下特点：256 级亮度调节（标准型通道最多四路，每路亮度单独可控）；计算机通信（RS232 接口）；增亮功能。数字增亮一体控制器在无触发的情况下光源是不会亮灭的，只有在触发的情况下，光源才会亮灭。

2. 光源控制器的选型

应根据不同的实际情况选择不同类型的光源控制器。

1）根据输出电压要求，可选 5V、12V、24V、28V（增亮）光源控制器。

2）根据控制方式要求，可选手动、软件兼手动光源控制器。

3）根据输出通道要求，可选一路、二路、三路、四路光源控制器。

3. 光源控制器的使用

光源控制器接线端子如图 1-6 所示，其各端子名称见表 1-1。

表 1-1　光源控制器接线端子名称

序号	名　称	序号	名　称
1	光源控制端子排	3	相机连接串口
2	光源控制端子标签	4	串口盖板

（续）

序号	名　称	序号	名　称
5	相机输出/输入端子标签	11	电源指示灯
6	相机输出/输入端子排	12	通信比特率/站号拨码开关
7	端子台安装/拆卸螺钉	13	安装孔（2 个）
8	光源控制模式转换开关	14	机身标签
9	光源亮度手动调节 1	15	上盖拆卸搭扣
10	光源亮度手动调节 2		

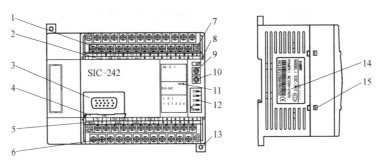

图 1-6　光源控制器接线端子

SIC-242 型光源控制器如图 1-7 所示，内置两路可控光源输出，两路相机触发端，五路相机数据输出端，A、B 端子为 RS485 通信端口，两路光源手动调节开关，预留七路站号选择，其端子功能见表 1-2。

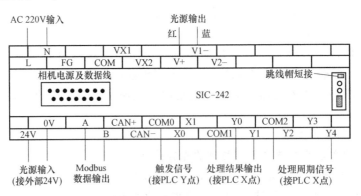

图 1-7　SIC-242 型光源控制器

表 1-2　SIC-242 型光源控制器端子功能

类别	端子外形结构	功　能
光源控制端子	N / L / FG	L、N 接 220V 交流电源，FG 为接地
	VX1 / COM / VX2	VX1、VX2 为外部触发端，COM 为公共端，开关电压为直流 24V，输入信号形式为接点输入或 NPN 型集电极开路输出，触发时切断对应通道光源的输出

(续)

类别	端子外形结构	功　能
光源控制端子	V1- V+　V2-	光源接口:两路电流型输出,正极共用 V+、负极接 V1-、V2-;输出电流最大为 200mA
相机输入输出端子	0V 24V	24V、0V 需外接电源输入,给相机的输入输出点供电
	A 　B	A、B 为 RS485 通信端口
	CAN+ 　CAN-	CAN+、CAN-为 CAN 总线通信端口
	COM0　X1 　X0	COM0、X0、X1 为相机的输入端子,开关电压为直流 24V,输入信号形式为接点输入或 NPN 型集电极开路输出
	Y0 COM1　Y1	COM1 和 Y0、Y1 为相机的第一段输出端子,为 NPN 型集电极开路输出
	COM2　Y3 　Y2　Y4	COM2 和 Y2、Y3 为相机的第二段输出端子,为 NPN 型集电极开路输出;Y4 为处理完成信号,相机在处理图像时 Y4 为低电平,处理完成后 Y4 为高电平

光源的亮度调节方式分为手动调节和触摸屏调节两种。

（1）手动调节光源亮度

将 L、N 端子接 220V 交流电源，光源控制模式转换开关右端的两个针短接，即为 ON 模式，此时光源亮度由旋钮来设置。光源的正极（红色）接 V+，负极（蓝色）接 V1-或者 V2-，然后调节光源亮度手动调节旋钮。当光源的负极接 V1-时调节上面的旋钮，接 V2-时调节下面的旋钮。将光源控制模式转换开关左端的两个针短接，即为 OFF 模式，此时由通信设置光源亮度。

（2）触摸屏调节光源亮度

第一步：硬件接线。光源控制器的 A/B 分别接触摸屏的 4 端子/7 端子。

第二步：添加设备。打开触摸屏软件，选择 "文件"→"新建"，设置步骤见表 1-3。

1.3.3　镜头

镜头是机器视觉系统中的重要组件，对成像质量有着关键性的作用。它对成像质量的几个最主要指标都有影响，包括分辨率、对比度、景深及各种像差。

1. 镜头的分类

1）根据有效像场的大小分为 1/3in（1in = 25.4mm）摄像镜头、1/2in 摄像镜头、2/3in 摄像镜头、1in 摄像镜头，许多情况下还会使用电影摄影及照相镜头，如 35mm 电影摄影镜头、135 型摄影镜头、127 型摄影镜头、120 型摄影镜头以及许多大型摄影镜头。

1

CHAPTER

表 1-3　触摸屏设置步骤

步骤	图　示
添加设备。用触摸屏的 PLC 口了解光源控制器	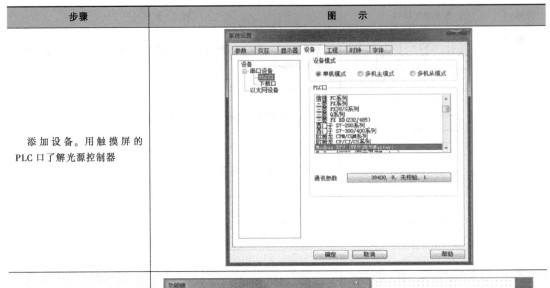
使能信号	
写数值,控制亮度	

2）根据焦距分为变焦镜头和定焦镜头。变焦镜头有不同的变焦范围；定焦镜头可分为鱼眼镜头、短焦镜头、标准镜头、长焦镜头、超长焦镜头等多种型号。

3）根据镜头和摄像机之间的接口分类，工业摄像机常用的有 C 型接口、CS 型接口、F 型接口、V 型接口、T2 型接口、徕卡接口、M42 接口、M50 接口等。C 型接口镜头与摄像机接触面至镜头焦平面（CCD 摄像机光电感应器应处的位置）的距离为 17.5mm，CS 型接口此距离为 12.5mm，两者之间的区别如图 1-8 所示。CS 型镜头与 CS 型摄像机可以配合使用，C 型镜头与 CS 型摄像机之间增加一个 5mm 的 C/CS 转接环即可配合使用，但 CS 型镜头与 C 型摄像机无法配合使用。F 型接口为通用型接口，一般适用于焦距大于 25mm 的镜头。

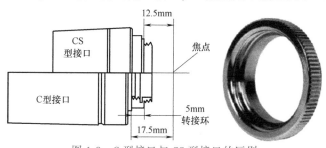

图 1-8　C 型接口与 CS 型接口的区别

除了常规的镜头外，工业视觉检测系统中常用到的还有很多专用的镜头，如微距镜头、远距镜头、远心镜头、红外镜头、紫外镜头、显微镜头等，见表 1-4。

表 1-4　常用的工业镜头

镜头种类	镜头外观	特点及应用
百万像素低畸变镜头		工业镜头中最普通、种类最齐全的镜头，图像畸变较小，价格比较低，所以应用最为广泛，几乎适用于任何工业场合
微距镜头		一般指成像比例为 2：1～1：4 的特殊设计的镜头。在对图像质量要求不是很高的情况下，一般可采用在镜头和摄像机之间加近摄接圈的方式或在镜头前加近拍镜的方式达到放大成像的效果
广角镜头		镜头焦距很短，视角较宽，而景深却很深，图形有畸变，介于鱼眼镜头与普通镜头之间，主要用于对检测视角要求较宽、对图形畸变要求较低的检测场合

1

CHAPTER

（续）

镜头种类	镜头外观	特点及应用
鱼眼镜头		焦距范围为 6~16mm（标准镜头为 50mm 左右），鱼眼镜头有眼鱼眼相似的形状以及相似的作用，视场角等于或大于 180°，有的甚至可达 230°，图像有桶形畸变，画面景深特别深，可用于管道或容器的内部检测
远心镜头		主要是为纠正传统镜头的视差而特殊设计的镜头，可以在一定的物距范围内使得到的图像放大倍率不随物距的变化而变化，这对被测物不在同一物面上的情况是非常重要的
显微镜头		一般为成像比例大于 10∶1 的拍摄系统所用，但由于现在摄像机的像元尺寸已经做到 3μm 以内，所以一般成像比例大于 2∶1 时也会选用显微镜头

2. 镜头参数

选择工业镜头一定要慎重，因为镜头的分辨率直接影响成像的质量。选购镜头首先要了解镜头的相关参数，即分辨率、焦距、光圈大小、明锐度、景深、有效像场、接口形式等。

（1）视场（Field of View，FOV）

视场是指观测物体的可视范围，即充满相机采集芯片的物体部分，也称为视野范围。

（2）工作距离（Working Distance，WD）

工作距离是指从镜头前部到受检验物体的距离，即清晰成像的表面距离。

（3）分辨率

分辨率指图像系统可以测到的受检验物体上的最小可分辨特征尺寸。在多数情况下，视野越小，分辨率越好。

（4）景深（Depth of View，DOF）

景深指物体离最佳焦点较近或较远时，镜头保持所需分辨率的能力。

（5）焦距（f）

是光学系统中衡量光的聚集或发散的度量方式，指从透镜的光心到光聚集焦点之间的距离；也是照相机中，从镜片中心到底片或 CCD 等成像平面的距离。焦距越小，景深越大；焦距越小，畸变越大；焦距越小，渐晕现象越严重，像场边缘的照度越低。

（6）失真（distortion）

失真是衡量镜头性能的指标之一，又称畸变，指被摄物平面内的主轴外直线经光学系统成像后变为曲线，则此光学系统的成像误差称为畸变。畸变像差只影响影像的几何形状，而不影响影像的清晰度。

（7）光圈与 F 值

对于已经制造完成的镜头，不可能随意改变镜头的直径，但可以通过在镜头内部加入多边形或者圆形且面积可变的孔状光栅来控制镜头的通光量，这个装置就是光圈。通常用 F 数值表达光圈大小，如 F1.0、F1.4、F2.0、F2.8 等，光圈 F 值越小，通光孔径越大，在单位时间内的进光量就越多，代表光圈越大。光圈越大，图像亮度越高，景深越小，分辨率越高。一般像场中心较边缘分辨率高，像场中心较边缘光场亮度高。在相同的工业相机及镜头参数条件下，照明光源的光波波长越短，得到的图像的分辨率越高，所以在需要精密尺寸及位置测量的视觉系统中，尽量采用波长短的单色光作为照明光源，对提高系统精度有很大的作用。简单调节镜头焦距和光圈的方式如图 1-9 所示，操作时由

焦距：调节图像的清晰度

光圈：调节图像的亮暗

图 1-9　镜头调节

操作员观察相机显示屏来调整可变光圈和焦点，以确保图像明亮清晰。一般主要使用焦距为 6mm、8mm、12mm、16mm、25mm、35mm、50mm、55mm 的镜头。

1.3.4　光源

在机器视觉系统中，光源是决定机器视觉系统图像质量的最重要因素。选择合适的光源，可以使图像中的目标特征与背景信息得到最佳分离，从而大大降低图像处理的难度，提高系统的稳定性和可靠性。目前，光源分为 LED、荧光灯、卤素灯、金属卤化物灯和氙灯。各种光源使用对比见表 1-5。

表 1-5　各种光源使用对比

光源分类	外形图	特　点
LED	同轴薄射方式 CA-DX　小角度方式 CA-DL　直射环方式 CA-DR 背光方式 CA-DS　半球形方式 CA-DO　棒型方式 CA-DB	照射形状、大小、颜色种类丰富，转换特性良好

CHAPTER

1

（续）

光源分类	外形图	特　点
荧光灯		可实现大范围照射,价格较为低廉
卤素灯	光纤照明CF-F10 	高辉度,光纤传导,冷光照明
金属卤化物灯	—	更接近太阳光,耗电量低但价格高
氙灯	—	与卤素灯相比辉度高,用于闪光灯,价格较高

目前，机器视觉 LED 光源按形状可分为以下几类，见表 1-6。

表 1-6　常见的 LED 光源

类型	外形图	特　点	应用领域
环形光源		环形光源提供不同照射角度、不同颜色组合,更能突出物体的三维信息,高密度 LED 阵列可提供高亮度多种紧凑设计,节省了安装空间,解决了对角照射阴影问题,可选配漫射板导光,光线均匀扩散	PCB 基板检测;IC 元件检测;显微镜照明;液晶校正;塑胶容器检测;集成电路印制检查
面光源		用高密度 LED 阵列面提供高强度背光照明,能突出物体的外形轮廓特征,尤其适合作为显微镜的载物台。红白两用背光源,红蓝多用背光源,能调配出不同颜色,以满足不同被测物的多色要求	机械零件尺寸的测量;电子元件、IC 的外形检测;胶片污点检测;透明物体划痕检测等
条形光源		条形光源是较大方形结构被测物的首选光源,颜色可根据需求搭配,自由组合照射角度,安装随意可调	金属表面检查;图像扫描;表面裂缝检测;LCD 面板检测等

1 CHAPTER

（续）

类型	外形图	特点	应用领域
组合条光		四边配置条形光，每边照明独立可控，可根据被测物要求调整所需照明角度，适用性广	PCB 基板检测；焊锡检查；Mark 点定位；显微镜照明；包装条码照明；IC 元件检测
球积分光		具有积分效果的半球面内壁，均匀反射从底部360°发射出的光线，使整个图像的照度十分均匀	适用于曲面、凹凸表面、弧面表面检测；金属、玻璃表面反光较强的物体表面检测
同轴光源		同轴光源可以消除物体表面不平整引起的阴影，从而减少了干扰。部分采用分光镜设计，减少了光损失，提高了成像清晰度，可以均匀照射物体表面	最适宜用于反射度极高的物体，如金属、玻璃、胶片、晶片等表面的划伤检测，芯片和硅晶片的破损检测，Mark 点定位，包装条码识别
组合环光		不同角度的三色光照明，照射凸显焊锡三维信息，外加漫散射板导光，减少了反光，RIM 不同角度组合	专用于电路板焊锡检测
点光源		大功率 LED，体积小，发光强度高，光纤卤素灯的替代品，尤其适合作为镜头的同轴光源，高效散热装置，大大延长了光源的使用寿命	配合远心镜头使用，用于芯片检测、Mark 点定位、晶片及液晶玻璃底基校正

1.3.5 电缆配件

相机有两个接口，分别为 RJ45 网口与 DB15 串口。连接时，用交叉网线连接相机与计算机，用 SW-IO 串口线连接相机与光源控制器，图 1-10a 所示为 SW-IO 串口线，用来给相机供电。图 1-10b 所示为网络线，用来连接相机与计算机。

1

CHAPTER

a) SW-IO串口线

b) 网络线

图 1-10　相机连接线

【实战演练】

1.4　硬件总体连接

　　如图 1-11 所示，一套视觉系统硬件包括相机、光源控制器、光源、直流电源和触摸显示屏。

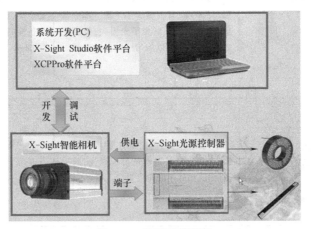

图 1-11　视觉系统硬件

　　相机上的两个接口分别为 RJ45 网口与 DB15 串口，连接相机时，用 SW-NET 网络线连接相机与计算机，用 SW-IO 串口线连接相机与光源控制器。光源控制器上有 V+、V1-和 V2-三个接线端子，可同时给两个光源供电，连接光源控制器与光源时，光源正极一般用红色或棕色导线连接在 V+上，光源负极用黑色或蓝色导线连接在 V1-或 V2-上。连接光源控制器与电源时，首先将 220V 交流电源的 L、N 端子分别与光源控制器的 L、N 端子相连，再将 24V 直流电源的 V+、V-端子分别与光源控制器的 24V、0V 端子相连。触摸显示屏的电源背面左边为 24V，中间为 0V，连接触摸显示屏与电源时，将触摸显示屏的左、中两根电源线分别与电源的 V+、V-端子相连。硬件连接并检查完毕后，再将开关电源与交流电源连接起来、通电，如图 1-12 所示。

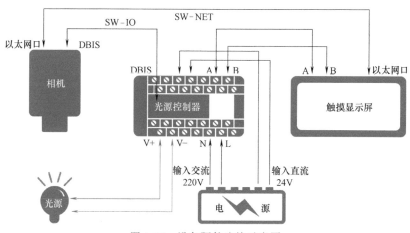

图 1-12 设备硬件连接示意图

1.5 硬件连接步骤

视觉检测系统硬件连接包括光源控制器与相机的连接、相机与触摸显示屏的连接、光源控制器与光源的连接、光源控制器与电源的连接以及触摸显示屏与电源的连接五个环节，具体连接步骤见表 1-7。

表 1-7 硬件连接的具体步骤

序号	具体操作步骤	示意图
1	连接光源控制器与相机。光源控制器和相机上都有一个 DB 接口，用一根双头都是 DB 接口的相机连接线进行连接	DB接口 光源控制器　　相机 DB接口
2	连接相机与触摸显示屏。相机与触摸显示屏各有一个以太网接口，通过一根网络连接线进行连接	触摸显示屏　　相机 网络连接线

1

CHAPTER

15

（续）

序号	具体操作步骤	示意图
3	连接光源控制器与光源。将光源连接到光源控制器的 V- 和 V+ 上,光源的红色正极线连接 V+,蓝色负极线连接 V-	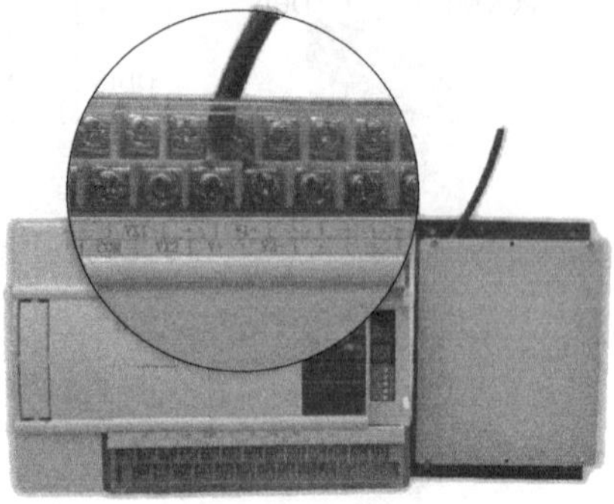 光源控制器　　　光源
4	连接光源控制器与电源。首先将 220V 交流电源的 L、N 端子分别与光源控制器的 L、N 端子相连,再将 24V 直流电源的 V+、V- 端子分别与光源控制器的 24V、0V 端子相连	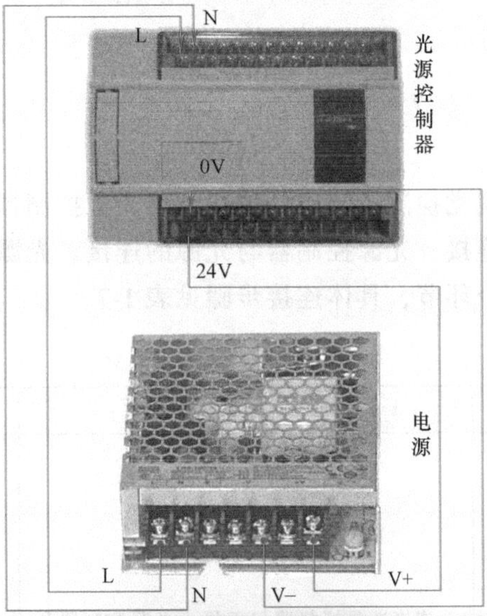
5	连接触摸显示屏与电源。将触摸显示屏的两根电源线分别与电源的 V+、V- 端子相连	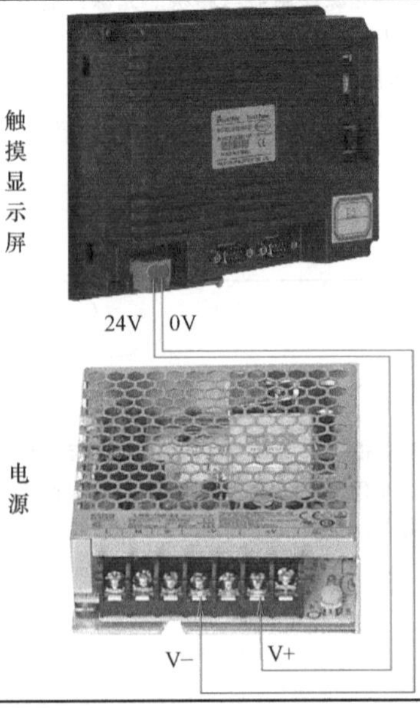

1
CHAPTER

实践小贴士

1）接线时一定要严格注意检查 L、N 两根导线是否接反，以预防危险。为了安全起见，必须严格按照上述步骤依次连接，最后接上开关电源，检查后再通电。

2）一般将网线连接到触摸显示屏上时，需要下载相机程序，程序下载完毕后，再连接触摸显示屏，才会有画面显示。

3）连接光源控制器与光源时，一定要注意导线的颜色，即"红正黑负"或者"棕正蓝负"。

4）24V 直流电源的 V+、V-端子一般可以不用与光源控制器的 24V 和 0V 端子连接，但如果需要用到光源控制器后面的输入输出端口，如与 PLC 相连，则必须要连接。

5）光源的电源一般由光源控制器的 V+/V-端口接出，可通过光源控制器调节其亮度。

6）触摸显示屏接电源线时，一定要注意 24V 和 0V 的接线，千万不要接反。

【知识闯关】

1. 典型的机器视觉系统一般由（　　）、（　　）、（　　）、传感器、（　　）、（　　）、通信/输入输出单元等部分组成。

2. 智能相机一般由图像采集单元、图像处理单元、图像处理软件、网络通信装置等构成，（　　）单元相当于普通意义上的 CCD/CMOS 相机和图像采集卡，将（　　）转换为模拟/数字图像，并输出至图像处理单元。

3. 机器视觉光源控制器的主要作用是给（　　）供电。

4. 光源的接线中红色为（　　）极，连接到光源控制器的（　　）；蓝色为（　　）极，连接到光源控制器的（　　）。

5. 光源控制器的工作电压为（　　）V。

【延伸阅读】

工匠寄语：艺不压身，什么叫艺不压身呢？你把它弄通了这就成你的技艺了，这不压身就是因为它不占地儿，你随时拿来用，什么时候用什么时候有。

个人事迹：

李峰，航天科技集团 13 所铣工，负责加工火箭惯组中的加速度计。惯组犹如火箭的"眼睛"，在茫茫太空中测量火箭的飞行数据，提高火箭的入轨精度，控制飞行姿态。如果说惯组是火箭的重中之重，那么加速度计就是惯组的重中之重。惯组器件中每减少 1μm 的变形就能

够缩小火箭在太空中几千米的轨道误差。1μm，大约是头发丝直径的 1/70，李峰需要依靠现有的工具，眼观手测完成精密加工。因此，李峰对自己的产品精益求精，为了减少 1μm 的公差，一次次在显微镜下耐心仔细地打磨加工刀具，在他心里精益求精已经成为了一种信仰。27 年来，经李峰加工后验收的产品没有任何质量问题，他加工出的零件完全符合标准，精确无误，在三尺铣台上，助力了国家的航天事业。

项目2

手机钢化膜裂纹的视觉检测与输出显示

【学习目标】

知识目标

1) 掌握硬件选型方法及硬件搭建方法。
2) 掌握斑点计数工具和像素统计工具参数的含义。
3) 熟练掌握脚本 if else 语句的应用方法。
4) 熟悉全局变量的 Modbus 配置方法。

能力目标

1) 硬件选型与搭建能力：会正确选择光源、相机、镜头并连接视觉系统硬件。
2) 计数工具参数调整能力：会运用斑点计数工具和像素统计工具。
3) 脚本程序编写与调试能力：会编写并调试手机钢化膜裂纹的脚本程序。
4) 检测结果的仿真显示：能将手机钢化膜裂纹的检测结果在触摸显示屏上显示出来。

素养目标

1) 根据工作岗位职责，完成小组成员的合理分工。
2) 团队合作中，各成员学会合理地表达自己的观点。
3) 学会相互交流对比，达到知识再学习的目标。

【项目导学】

情境导入

裂纹、划痕、变色和烧蚀等的产品表面缺陷，不管对于人工检测还是机器视觉检测都极富挑战。其难度在于该类缺陷形状不规则、深浅对比度低，而且往往会被产品表面的自然纹理或图案所干扰，因此表面缺陷检测对于正确打光、相机分辨率、被检测部件与相机的相对位置、复杂的机器视觉算法等要求非常高。本项目要求运用机器视觉检测技术检测手机钢化膜是否存在裂纹。

可行性方案

打开 X-Sight 软件，单击"文件"→"打开图像"，打开某一张图像，如图 2-1 所示；或者单击"图像"→"打开图像序列"，打开文件夹中的多张图像，可配合状态栏中的"上一张图像"或"下一张图像"进行选择。

图 2-1　待检测图像

观察屏幕裂纹的图片可以发现，有裂纹的屏幕在面光的作用下，裂纹位置会形成黑色的纹路。根据这些黑色纹路的有无和数目可判断屏幕是否有裂纹。查找工具列表中的工具，可以发现，实现这个功能大概有两个工具：

1）像素统计工具。相对简单且稳定，当统计到黑色像素超过某一设定值，即有一定数量的黑色纹路时，判断屏幕有裂纹。

2）斑点计数工具。在图像效果要求较高的情况下，需要将玻璃屏幕倾斜大概 30°的角度放到水平的面光上拍照。屏幕碎裂实际具有一定的方向性，常在平行于窄边的方向碎裂，且屏幕有一定厚度，所以需要将有深度的裂纹稍微倾斜于水平面光之上。

> **实践小贴士**
>
> 由于普通面光源的发散性，不管使用哪种判断方法，都应该使屏幕稍微高悬于面光之上，而不能贴着光源拍摄，这样会得到更好的图像效果。

执行思路

运用机器视觉检测技术检测手机钢化膜是否有裂纹，使用面光的打光方式，将待检测的碎屏稍悬于面光之上，通过像素统计工具或斑点计数工具统计黑色裂纹数目，判断裂纹的黑色像素是否大于合格图像所统计到的范围像素数目。视觉检测结果通过 Modbus 配置后可在 X-Sight 仿真平台上显示，其执行思路如图 2-2 所示。

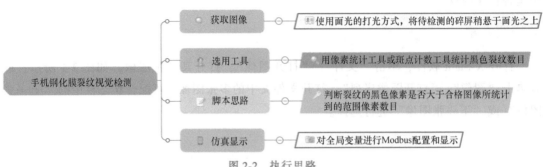

图 2-2 执行思路

【X-Sight 视觉检测篇】

任务 2.1 硬件选型与场景搭建

1. 硬件选型

根据手机钢化膜样品的实际大小，选用 640×480（约 30 万）像素的黑白相机，FA 定焦 25mm 镜头，113mm×82mm 白色面光源（大小可定制），信捷 24V 光源控制器，信捷 STG 系列智能终端，配备相机连接线和网络连接线以及延长接圈，构成一套完整的视觉系统。进行硬件架设时，要注意调整镜头与样品的距离，确保样品在相机视野范围内的占比为 1/3 ~ 2/3。

（1）相机选型

由于检测需求是判断裂纹的有无，对精度的要求不高，所以选用 30 万像素的相机比较合适，这是因为 30 万像素相机的成像效果优于 120 万像素与 500 万像素的相机（像素低，过渡像素少，像素灰度值波动小，即同样条件下多次拍照，30 万像素相机某个像素点的灰度值波动比 120 万和 500 万像素相机小很多）。

（2）光源选择

由于样品是玻璃，正面打光反射比较严重，且光照均匀度不够。同轴光均匀度效果最好，但裂纹处较细小，特征不够明显，所以使用同轴光的容错率会比较大。选择背光时，需要注意两点：①由于普通背光，光源发散较为严重，会导致裂纹处反射光杂乱，从而影响拍摄效果，需要提升背光的平行度，可以抬高产品与光源的距离实现；②产品的放置角度能影响拍照的效果。

（3）镜头选择

由于产品特性以及检测需求对镜头选择的影响不大，所以镜头只需要能够拍到整个产品即可。通过调整工作距离，选择 8mm 镜头。硬件参数配置见表 2-1。

表 2-1　硬件参数配置

序号	名称	详细型号	数量	单位	备注
1	相机	SV4-30ML	1	台	
2	镜头	SL-FC25FM	1	个	

（续）

序号	名称	详细型号	数量	单位	备注
3	光源	SI-FL113082W	1	个	大小定制
4	光源控制器	SIC-242	1	个	
5	相机连接线	SV-IO	1	根	
6	网络连接线	SV-NET	1	根	网线
7	智能终端	STG765-ET	1	个	
8	延长接圈	1mm/5mm	1	个	

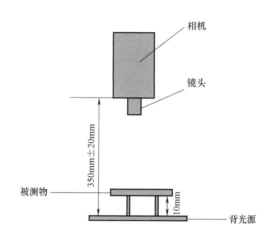

图 2-3　硬件连接框图

2. 场景搭建

选择光源控制器、支架、30 万像素相机、面光源、8mm 镜头，用交叉网线连接相机与计算机；用 SV-IO 串口线连接相机与电源控制器。硬件连接框图如图 2-3 所示。

任务 2.2　以太网卡配置与图像显示

打开 X-Sight 软件，选择"开始"→"设置"→"控制面板"→"网络和 Internet"→"网络和共享中心"→"更改适配器设置"→"以太网"→"Internet 协议版本 4"，参数设置如图 2-4 所示。

将 IP 地址设置为 192.168.8.＊，其中"＊"表示 1~255 的数字，但该数字不能等于相机地址（192.168.8.2）与默认网关，在固件更新时仅能用 192.168.8.253，推荐 IP 地址为 192.168.8.253。

单击 X-Sight 软件状态栏中的图标 ∞ 连接相机，显示"相机连接"对话框，单击"搜索"，最后单击"确定"，搜索完后单击"确定"，再单击图标 ◉ 显示图像，如图 2-5 所示。

2

CHAPTER

图 2-4　Internet 协议版本 4 参数设置

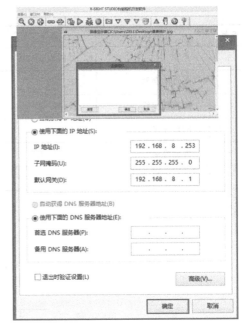

图 2-5　连接相机

任务 2.3　工具应用及脚本编写

2.3.1　像素统计

　　像素统计是统计在一个灰度范围内的像素值,分为矩形内像素统计、圆周内像素统计、圆弧内像素统计、圆环段像素统计,本项目使用矩形内像素统计。在"像素统计"工具中选择"矩形内像素统计",在软件界面中选择一个矩形框,即确定像素统计区域范围,如图 2-6 所示。各参数定义如下:

　　(1) 常规

　　设置工具的名称。

　　(2) 形状

　　修改像素统计区域的位置和大小。

　　(3) 选项

　　用于灰度范围统计,设有最大值和最小值。相机图像中每个像素的亮度用 8 位二进制数表示,即每个像素的灰度值变化范围为 0~255,其中最小值 0 为最黑,最大值 255 为白色最亮。

　　(4) 通过

　　设置像素统计范围的最大值和最小值。若像素统计在此范围内工具执行成功,则工具的结果参数为 0;若在此范围之外,则工具执行失败,运行显示为 fail。

　　本项目执行中,在图像信息显示窗口画一个"矩形内像素统计"矩形框。"选项"和"通过"选项卡中的参数设置如图 2-7 所示,统计范围像素数目为 9379,统计区域像素数目为 179388。此时输出调试工具输出监控执行结果,如图 2-8 所示。

图 2-6 "像素统计"对话框

图 2-7 参数设置

tool1:矩形像素统计工具{工具结果:0,时间:224,统计范围像素数目:9379,统计区域像素数目:179388} Pass:通过

- 工具结果:0   0
- 时间:224   224
- 统计范围像素数目:9379   9379
- 统计区域像素数目:179388   179388

图 2-8 输出调试工具输出监控执行结果

实践小贴士

1)在设置参数时,灰度的最大值一定要超过裂纹的一般灰度值,并且要低于没有裂纹位置的灰度值。

2)如果工具运行结果中显示"数目不满足",则修改"通过"的参数,使"统计区域像素数目"在设置的范围内。

2.3.2　像素统计脚本程序

1. C 语言数据类型和条件语句

用户可以通过脚本程序取出工具执行结果的值。本项目使用的相机软件版本一共有 int、float、array、var 四种数据类型。数据类型使用见表 2-2。

表 2-2　数据类型使用

数据类型	int 整型	变量是否自清除	float 浮点型	变量是否自清除	array 数组	变量是否自清除
全局变量	√	×	√	×	×	—
局部变量	√	√	√	√	√	√

其中，全局变量不会自清除，即在相机运行完一次后，变量中的值不会回复初始值，如全局变量 tool1. a，当运行完第一次后其值为 10，则第二次运行时 tool1. a 的初始值也为 10；局部变量会自清除，第二次运行时其值恢复为初始值。Array 数组作为全局变量时，数组不能被全部引用。

var 为任意对象，例如，根据两个点，获取中点的脚本程序如下：

var middot = dotdotmiddot(tool1. Out. point, tool2. Out. point) ;

　　tool3. x = middot. x ;

　　tool3. y = middot. y ;

在编写视觉脚本程序时，if 语句用来判定所给定的条件是否满足，根据判定的结果（真或假）决定执行所给出的两种操作之一。if 语句一般有以下三种形式。

（1）if（表达式）语句

打开脚本工具，工具名为 tool1，单击"添加"，变量名为 val1，变量类型为 int，初始值为 0，参数设置完成后单击"确定"。这类条件语句的执行过程如图 2-9a 所示。

　　例如，执行以下程序：

　　int a = 0; int b = 0;

　　if(a = = 0) b = 1;

　　tool1. val1 = b;

　　运行结果：val1 = 1。

在上位机仿真调试工具输出监控窗口的 tool1 中可以看到 val1 的值。

（2）if（表达式）语句 1 else 语句 2

这类条件语句的执行过程如图 2-9b 所示。

　　例如，执行以下程序：

　　int a = 0; int b = 0;//定义整形变量 a 和 b

　　if(a = = 1) b = 1;//判断 a 是否等于 1,满足条件则 b = 1

　　else b = 2;//不满足条件则 b = 2

　　tool1. val1 = b;

　　运行结果:val1 = 2。

（3）if（ 表达式 1）语句 1

2 CHAPTER

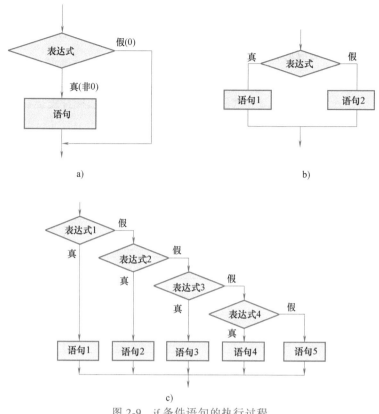

图 2-9 if 条件语句的执行过程

else if (表达式 2) 语句 2

else if (表达式 3) 语句 3

…

else if (表达式 m) 语句 m

else 语句 n

例如,执行下列程序:

int a = 2;int b = 0;

if (a = = 0) b = 1;

else if (a = = 1) b = 2;

else if (a = = 2) b = 3;

tool1. val1 = b;

运行结果:val1 = 3。

这类条件语句的执行过程如图 2-9c 所示。

2. 视觉脚本输出端控制

X-Sight 软件中,用 writeoutput 函数写入外部输出端子,其中只有 0~3 端子有效,即 Y0、Y1、Y2、Y3,其中,1 表示 ON,0 表示 OFF。如 writeoutput (0,1) 表示将外部端子 Y0 写入 1。

3. 像素统计脚本程序

编写手机屏幕裂纹检测的脚本程序,首先要注意在显示的脚本窗口左边全局变量列表中添加全局变量 n、real、single，定义合格图像的裂纹数量作为基准值。判断其统计范围像素数目的数值是否大于该基准值，若大于基准值，则判断为有裂纹，否则为无裂纹。脚本程序流程图如图 2-10 所示，对应的脚本程序见表 2-3。

表 2-3　像素统计脚本程序

程序段		注释
添加全局变量：		
添加变量　　n(int)　　3500; 　　　　添加变量　　single(int) 0; 　　　　添加变量　　real(int) 0;		
	tool2. single = 0; tool2. real = 0;	初始化
if(tool1. Out. result = = 0)		判断像素统计工具是否执行成功
{		
	tool2. real = tool1. Out. pixeNum;	取出"统计范围内的像素数目"
if(tool1. Out. pixeNum>tool2. n)		判断黑色像素数目是否大于基准值
{		
	writeoutput(0,1);	当前屏幕有裂纹，置位 Y0
	tool2. single = 1;	显示为不合格
}		
else		黑色像素数目是否不大于基准值
{		
	writeoutput(1,1);	当前屏幕无裂纹，置位 Y1
	tool2. single = 0;	显示为合格
}		
}		
else		
writeoutput(2,1);		

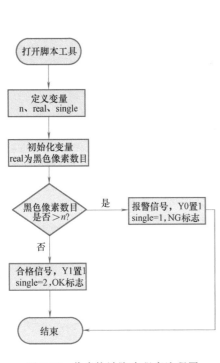

图 2-10　像素统计脚本程序流程图

> **实践小贴士**
>
> 　　像素统计数值基准值的设定范围应略大于合格图像所统计到的统计范围像素数目，且越接近统计范围像素数目，说明即使裂纹不明显也能统计出结果，但也不能太接近合格图像的像素数目，否则会导致其不在统计范围内。

2.3.3　斑点计数

　　斑点计数用于检测路径内斑点的计数，先在学习区域内学习斑点，再在搜索区域内按匹配度高低，针对面积和周长进行计数，分为矩形内斑点计数和圆环内斑点计数。

打开 X-Sight 软件，在左侧"计数工具"中单击"斑点计数"→"矩形内斑点计数"，在右侧区域画一个学习框，参数设置如图 2-11 所示。

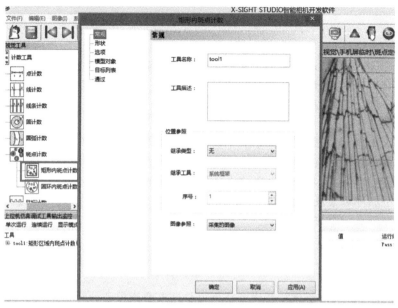

图 2-11　矩形内斑点计数参数设置

（1）常规

用于设置工具的名称，"位置参照"即搜索区域随着设定的参考工具的"平移""角度旋转""相对静止""同步旋转"等。

（2）形状

修改搜索框的位置及大小。坐标数值可参考界面下方的动态 X/Y 坐标值。

（3）选项

1）"最小匹配得分"：若设为 50，指在搜索区域内找到的对象匹配得分大于或等于所设值则定义为斑点，小于所设值则定位为不到斑点。矩形内斑点计数方式需要先学习一个模板，若搜索到的其他目标和这个模板的相似度高于 50%，就判定它是一个斑点目标，需要加以计数。

2）"阈值"：将灰度值与所设值做比较，用来判断黑像素点与白像素点。

① "亮度：无"：把选框中的图像恢复到原始图。

② "亮度：固定值"：可设定确定的灰度值阈值。若设为 160，则灰度值低于 160 为黑像素点，灰度值高于 160 为白像素点，默认设为 128。

③ "亮度：路径对比度百分比"：可设定灰度值阈值百分比。灰度值强度阈值=（最大灰度值-最小灰度值）×灰度值阈值百分比+最小灰度值。若灰度值阈值百分比设为 40%，且扫描区域内最小灰度值为 20，最大灰度值为 250，则灰度值低于 （250-20）×40%+20 （即112）为黑像素点，灰度值高于 112 为白像素点。默认灰度值阈值百分比为 50%。

④ "亮度：自动双峰"：根据扫描路径直方图中的最大亮度值与最暗灰度值，自动算出灰度值强度阈值。

⑤ "亮度：自适应"：采样模板大小表示判断一个像素是黑色还是白色需要与周围 $N \times N$

2

CHAPTER

个像素进行对比，其中 N 为采样模板大小设定的像素数。阈值 0% 对应采样模板中的灰度平均值，100% 为绝对白，-100% 为绝对黑。如当选择 0% 时，像素点只要不小于平均灰度值即为白色。

实践小贴士

1）在设置各项参数后，若出现红色矩形框或显示无效区域等，有两种解决办法：一是打开"形状"选项，修改"形状"中"左下角"或"右上角"中的数值至合理的位置；二是在出现"学习框"后，先不要设置各参数，直接单击"确认"后再设置具体的参数。

2）"选项"中的"最小匹配得分"参数若设置得比较高，则会自动滤除相似度比较低的目标，该参数可以用来滤除不需要的斑点。

3）"阈值"是指从某些方向上搜索边界，封闭的图形成一个斑点，从某些方向上能够找到的几个相邻像素灰度值之差超过了设定值，则认为是边界，四周的边界组成一个封闭的图形，即形成一个斑点。

4）搜索框在学习框上、下、左、右拓展 100 个像素。

5）"位置参照"中，工具 2 的搜索区域会随动图像参考工具 1 定位到的目标结果信息特征（角度和位置）。

6）用百分比标准找阈值，可适当减小由于光源衰减带来的误判。

3）"斑点属性"："黑"表示被定位对象为黑色；"白"表示被定位对象为白色。

4）"边界限制"：即设置斑点周长范围的最小值和最大值，当被检测斑点周长不在此范围内时定位不到该斑点。

5）"面积限制"：设置斑点面积范围的最小值和最大值，当被检测斑点面积不在此范围内时定位不到该斑点。

6）"对边界斑点计数"：勾选此项后，搜索框边界上的斑点也可以定位到。

（4）模型对象

模型对象列出了学习区域内所有可能是目标的斑点模型，可挑选其中的某个对象设为基准。若不在表格中选中某个对象，则默认学习到的第一个对象为基准。在搜索区域内定位对象时会以选中的基准为标准给出匹配得分，显示在目标列表中。

（5）目标列表

设定好学习模板后，在搜索区域内搜索所有相似度符合要求的对象，在目标列表中显示定位到的和学习基准相似的目标斑点的匹配得分、周长、面积、中心坐标。

（6）通过

工具在设定的范围内，则结果表内的运行结果为通过。

实践小贴士

在设置"模型对象"参数时，若需要修改学习区域的大小，可单击"模型对象"对话框中的"重新学习"→"已更新模型对象列表"。在选择"模型对象"时，若选择面积较大的对象设为基准，则面积较小的目标就定位不到，反之亦然。所以，选择面积中等的对象即可。

若在搜索区域的无裂痕区域内定位到目标，需考虑该目标是否为干扰点。

2

CHAPTER

2.3.4 斑点计数脚本程序

先判断斑点计数工具是否执行成功，若"是"，则判断斑点数目是否大于某个固定值，若"是"，则为不合格，否则为合格；若工具执行失败或计数失败，可能因为其他干扰没有定位到目标，不表示是合格的屏幕，以确保不将合格的屏幕误报警，所以可以以报警灯作为显示结果。斑点计数脚本程序流程图如图 2-12 所示，脚本程序见表 2-4。

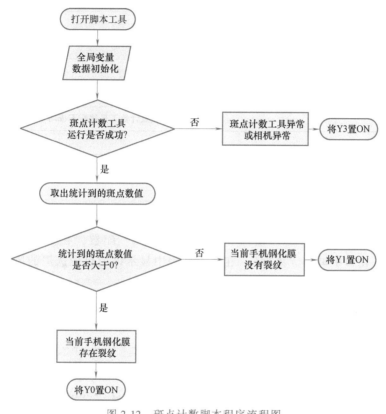

图 2-12 斑点计数脚本程序流程图

表 2-4 斑点计数脚本程序

程序语句	注释

添加全局变量：
　　n(int) :0;
　　n(real) :0;	

tool2. n = 0;	将脚本变量初始化
tool2. real = 0;	
if(tool1. Out. result = = 0)	判断斑点计数工具是否执行成功
{	
tool2. real = tool1. Out. blobNum;	取出统计到的斑点数值
if(tool1. Out. blobNum>tool2. n)	判断斑点数值是否大于 0
{	
writeoutput(0,1) ;	当前屏幕有裂纹,置位 Y0

2

CHAPTER

（续）

程序语句	注释
}	
else	
{	
writeoutput(1,1);	当前屏幕无裂纹,置位 Y1
}	
}	
else	
{	
writeoutput(3,1);	斑点计数工具执行不成功
}	

任务 2.4　Modbus 配置和显示

单击 X-Sight 软件菜单栏"窗口"中的"Modbus"配置,在显示的"Modbus 配置"窗口中单击"添加",在变量列表中显示该项目中选用的所有工具,如图 2-13 所示。

图 2-13　Modbus 配置（一）

单击"tool2"前面的 ⊞ 图标,显示 tool2 中的所有变量,如图 2-14 所示。

将 tool2 中的变量 n、real、single 进行 Modbus 配置,双击"变量"→"工具"→"tool2"下的"n",自动匹配首地址为 1000,类型为"双字",并显示当前 n 的值,如图 2-15 所示。单击"保持",将类型改为"保持"。

按照上述方法,对 tool2 中的 real、single 进行 Modbus 配置,结果如图 2-16 所示。

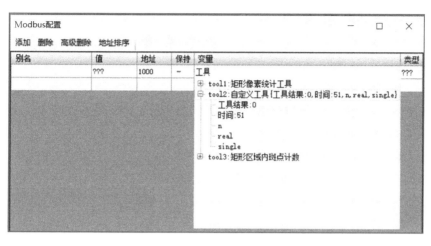

Modbus配置
添加 删除 高级删除 地址排序
别名 值 地址 保持 变量 类型
??? 1000 - 工具 ???
tool1:矩形像素统计工具
tool2:自定义工具{工具结果:0,时间:51,n,real,single}
工具结果:0
时间:51
n
real
single
tool3:矩形区域内斑点计数

图 2-14　Modbus 配置（二）

Modbus配置
添加 删除 高级删除 地址排序
别名 值 地址 保持 变量 类型
tool2_n 3500 1000 保持 tool2.n 双字

图 2-15　Modbus 配置（三）

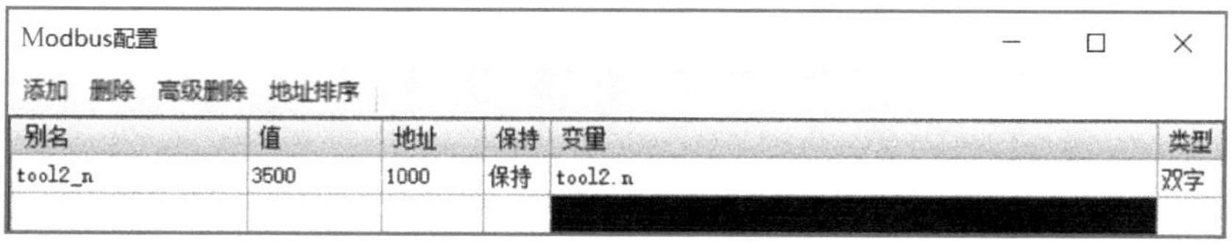

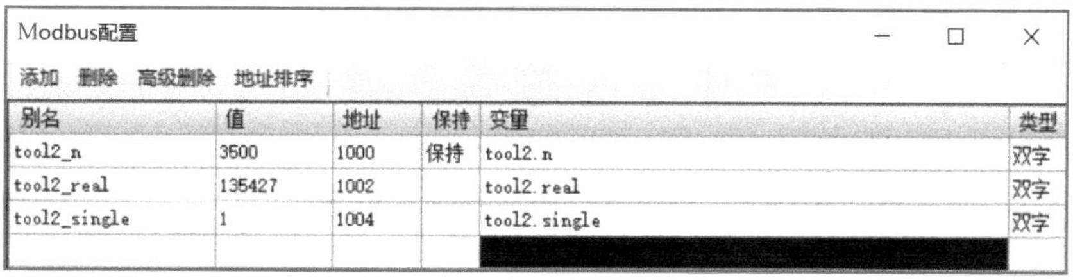

Modbus配置
添加 删除 高级删除 地址排序
别名 值 地址 保持 变量 类型
tool2_n 3500 1000 保持 tool2.n 双字
tool2_real 135427 1002 tool2.real 双字
tool2_single 1 1004 tool2.single 双字

图 2-16　Modbus 配置（四）

添加变量 n，“Modbus 配置”窗口可以直观显示相关变量、参数。同时，在调试的过程中，可以根据调试情况，在“Modbus 配置”中直接对判断基准值 n 进行修改。

同时，完成 Modbus 配置后，还可在“窗口”→“Modbus 输出”→“仿真”中进行配置参数的监控。

实践小贴士

Modbus 配置时，常设置“保持”寄存器来存取，这样若相机发生意外断电等情况，不需要每次都去调整基准值。否则，若相机断电重启就恢复默认值。

Modbus 配置时，数据存储类型为“双字”，所以“存储地址”可根据需要设置为任意偶数地址。

任务 2.5　执行思路

基于康耐视检测软件的手机钢化膜裂纹视觉检测执行思路如图 2-17 所示。

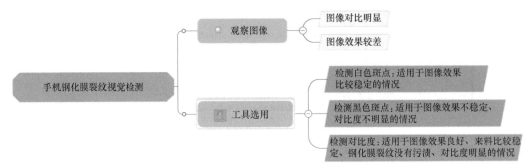

图 2-17　手机钢化膜裂纹视觉检测执行思路

任务 2.6　设置图像

打开康耐视检测软件，右击左边的图标后 7LNVVLW0RTSC398 ，选择"显示电子表格视图"。单击"文件"，选择"打开图像"，插入要检测的图片，就可以显示该图片。单击图标可以查看图片，如图 2-18 所示。

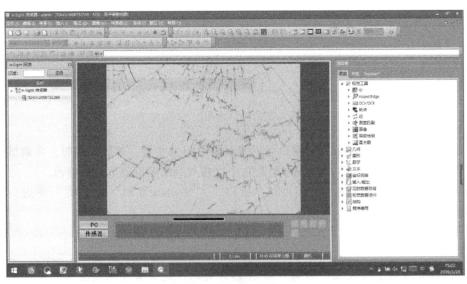

图 2-18　显示图像

插入图片后，在表格里双击，单击图标 将表格填充色改为黑色，单击图标 A 将字体颜色改为黄色（自行设置，非固定），然后写入"检测黑色斑点"并居中，如图 2-19

所示。

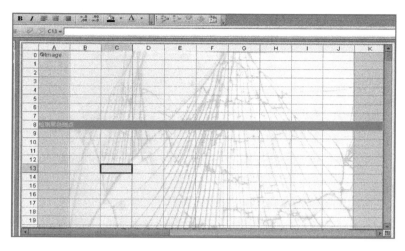

图 2-19　写入检测名称

任务 2.7　添加检测工具

双击图 2-19 所示表格添加 "EditRegion" 指令，在列表框中选择 "名称" → "检测区域" → "全部隐藏"。单击 "确定" 后，图片上会出现一个红色 "检测区域" 的矩形框。选择一个有裂纹的地方，选择好后双击，表格中就会出现 "检测区域"，如图 2-20 所示。

图 2-20　添加 "EditRegion" 指令

任务 2.8　显示黑色斑点

设置好检测区域后，选择右边的 "函数" → "视觉工具" → "斑点" → "ExtractBlobs"（检测斑点的工具），并拖到表格中。添加 "ExtractBlobs" 指令后，选择 "外部区域" 然后重新引用"ExtractBlobs"指令，单击"引用"图标，选择"检测区域"并双击，选择"颜色：斑点"为"二者之一"，"颜色：背景"为"白"，"区域限制：最小"为"100"（不固定），"区域限制：最大"为"100000"，如图 2-21 所示。

图 2-21　添加"ExtractBlobs"指令

设置完成后，在表格里添加"GetNFound"指令（显示检测到多少个斑点），双击选择"Blobs"，将"Blobs"→"要排序的数量"改为"100"，如图 2-22 所示。

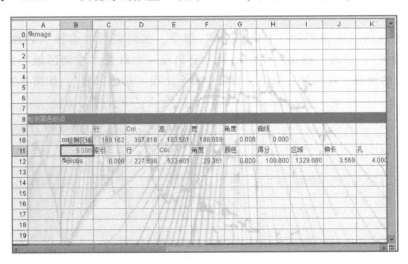

图 2-22　添加"GetNFound"指令

任务 2.9　判断与显示

在表格中的"检测黑色斑点"后面添加"If"判断函数（用来判断 OK/NG），选择"GetNFound"，当检测到为"NG"时，"If"后面为"（B13，0，1）"。如图 2-23 所示。

添加一个画面，如图 2-24 所示，单击右边的"片段"→"Display"→"PassFailGraphic.cxd"，并拖到表格中，如图 2-25 所示。A3 选择"C10"（黑色斑点结果），A4/B4 可以选择"√或×""OK 或 NG"…，图片上就会显示判断的结果，如图 2-26 所示。

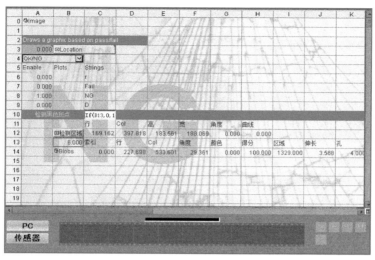

图 2-23 添加 "If" 判断函数

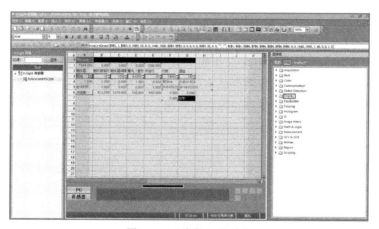

图 2-24 "片段" 选项卡

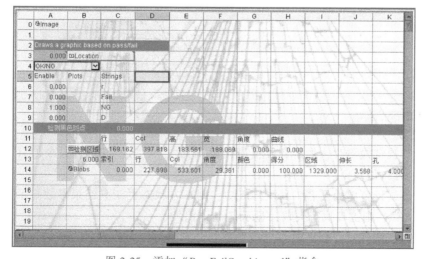

图 2-25 添加 "PassFailGraphic.cxd" 指令

2

CHAPTER

图 2-26　"NG"和"OK"结果显示

实践小贴士

1）写入名称时要用英文输入法输入文字、符号。

2）选择检测区域时要找到图片裂纹清晰的地方。

3）阈值根据图片显示的效果自行确定。

【工程师在线】

如图 2-27 所示，本项目在使用斑点计数工具时，虽然搜索区域为无裂痕区域，但却统计到了一个目标。原因可能是待检测产品本身的杂渍或相机镜头上污渍等确实引起了灰度变化，被误统计为斑点。对于此干扰点，应如何解决？

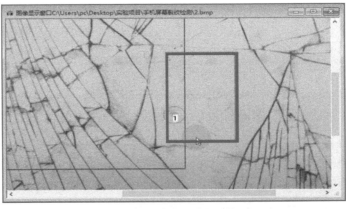

图 2-27　搜索区域内干扰

【知识闯关】

1. 在进行视觉检测时，像素灰度值变化范围为（　　）。其中，最小值（　　）为黑色，（　　）为白色最亮。

2. 在像素统计范围内，若工具执行成功，则下方状态栏工具结果参数显示为（　　）；若在该范围之外，则工具执行失败，显示（　　）。

3. 使用斑点统计时，会出现两个矩形框，分别是（　　）和（　　），其中较大的是（　　），较小的是（　　）。

2

CHAPTER

4. 应用像素统计工具时，"统计范围像素数目"和"统计区域像素数目"有什么区别？

5. 脚本程序"writeoutput（0，1）"指将（　　）端口置1。

【评价反馈】

项目评价见表2-5，可采取自评互评相结合的方式完成项目评价反馈。

表 2-5　项目评价

内　　容	评 价 要 点	分值	得分
硬件选型与搭建	光源、相机、镜头选型	9分	
	硬件搭建	10分	
图片装载	新建工程文件，保存文件，将工程文件按照要求命名	5分	
	运行 X-Sight 软件装载检测图片	5分	
定位及计数工具的使用	矩形区域内像素统计工具的选用及参数设定	15分	
	矩形区域内斑点计数工具的使用及参数设定	10分	
脚本程序设计	使用 X-Sight 软件建立脚本，添加全局变量，设定初始值	6分	
	钢化膜是否有裂纹脚本程序设计（像素统计法）	10分	
	钢化膜是否有裂纹脚本程序设计（斑点计数法）	10分	
视觉结果输出与仿真	像素判定基准值的 Modbus 配置	10分	
	像素判定基准值的 Modbus 输出仿真	10分	
总分		100分	

【延伸阅读】

工匠寄语：爆破工的工作就是排除危险，冲在最前面，开路先锋中的先锋。

个人事迹：

彭祥华，中铁二局二公司隧道爆破高级技师。从 1994 年 7 月参加工作以来，他二十年如一日坚守在工程建设一线，从青藏铁路到川藏铁路，他不畏艰辛，为祖国建设付出了青春和热血。

川藏铁路属于国家"十三五"规划重点项目，它更是世界上平均海拔最高的铁路，总长 1800 多 km 的路基，累计爬坡高度超过了 14000m，台阶式八起八伏，被外媒形容为"巨大的过山车"；它的铺设难度创造了新的世界之最，仅一条雅鲁藏布江就被这条铁路横渡了 16 次。

2015 年 6 月，川藏铁路的拉萨—林芝段全面开工，中铁二局二公司隧道爆破高级技师彭祥华和工友们开凿的是拉林段地质最复杂的东嘎山隧道。爆破组遇到的第一个困难，是要在悬崖峭壁上寻找最佳安装地点，徒手安装炸药，而峭壁上的石头很不牢靠，稍受振动就有

2

CHAPTER

可能滑落，不仅对工程作业带来巨大的威胁，甚至会殃及洞口下方的雅鲁藏布江水，给西藏脆弱的生态环境造成破坏，因此洞口排险清爆要胆大心细。其次，东嘎山隧道的山体属于炭质千枚岩和石英粉砂岩构造，这两种岩体遇水就会膨胀软化，在这样的山体里实施爆破，特别需要深入缜密的超前地质预报，要求制定精准的爆破方案。为了精准爆破，彭祥华一直都是自己分装炸药，凭借着多年分装炸药的经验，彭祥华能够把装填药量的误差控制得远远小于规定的最小误差，并且总是能让隧道内爆破面上的几十个炮孔中的雷管以最佳效果相互作用，获得严格控制下的爆破力度。爆破成功后，最危险的工作是走入爆破现场，检查爆破效果和排除可能存在的哑炮，彭祥华总会阻止其他工友近前，独自一人走进隧道。这就是工匠的担当，如山崖伫立，如长松挺身。

　　这就是大国工匠的风采——大勇不惧！

2

CHAPTER

项目3
齿轮缺齿视觉检测与输出显示

【学习目标】

知识目标

1) 掌握硬件选型方法及硬件搭建方法。
2) 熟悉斑点定位工具和斑点计数工具的参数含义。
3) 掌握齿轮缺齿、当前齿数等程序实现的方法。
4) 掌握动态参数的触摸屏显示方法。

能力目标

1) 硬件选型与搭建能力：会正确选择光源、相机、镜头并连接视觉检测系统硬件。
2) 定位工具和计数工具选用能力：会使用斑点定位工具定位齿轮中心；会使用圆内斑点计数工具；会解决检测区域内的中心坐标随着定位工具的结果移动问题。
3) 脚本程序设计与调试能力：会熟练编写齿轮缺齿程序，显示"是否缺齿，当前总齿数"等。
4) 视觉检测结果输出与显示能力：会在触摸屏上显示动态参数。

素养目标

1) 企业走访，了解产品检测需求，体会职业行为。
2) 一分钟演讲，分享大国工匠案例，体会工匠精神，强化爱国梦想。
3) 参与企业展会，跟踪机器视觉新技术应用。

【项目导学】

情境导入

齿轮在机械传动及整个机械领域中具有极其广泛的应用，其精度对机械产品性能有着重要影响。传统齿轮检测仪器的检测效率低下，且检测人员容易因为视觉疲劳而产生主观误差。提高齿轮检测技术是提高齿轮产品质量的必要条件，利用机器视觉快速、准确地检测齿轮是否存在缺陷，具有一定的工程实用价值。

可行性方案

根据项目检测需求，使用圆环区域内斑点计数工具来判断是否缺齿。配合圆环区域内斑点计数以及脚本工具，可使用圆环内圆定位、斑点定位、图案定位或轮廓定位工具。使用圆环内圆定位工具，需保证目标圆不能超出目标范围（目标圆要在圆环内），可移动范围比较小；使用斑点定位工具定位齿轮中心白色部分，可将学习框拉大，修改"边界限制"和"面积限制"，使其可以定位到整个外圆的黑色像素；也可使用轮廓定位，但检测特征点较多，扫描速度比较慢。本项目实施时使用斑点定位工具定位齿轮中心。

执行思路

使用背光的打光方式，突出产品的位置特征；选用矩形内斑点定位工具实现定位功能；通过圆环内斑点计数工具或沿圆点计数工具计数齿的个数，判断齿轮是否合格，同时显示当前轮齿数目。其执行思路如图 3-1 所示。

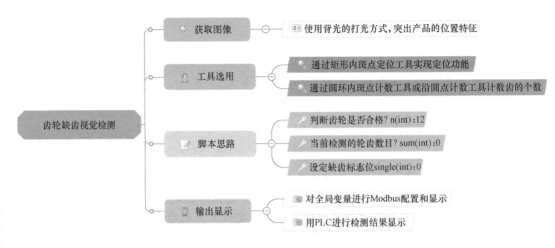

图 3-1　齿轮缺齿视觉检测执行思路

3 CHAPTER

⚙【X-Sight 视觉检测篇】

任务 3.1　硬件选型与场景搭建

1. 硬件选型

根据齿轮样品的实际大小，选用 640×480（约 30 万）像素的黑白相机，FA 定焦 8mm 镜头，113mm×82mm 白色面光源（大小可定制），信捷 24V 光源控制器，信捷 STG 系列智能终端，配备相机连接线和网络连接线以及延长接圈，构成一套完整的视觉系统。进行硬件架设时，注意调整镜头与样品的距离，确保样品在相机视野范围内的占比为 1/3 ~ 2/3。

（1）相机选型

本项目通过检测齿的个数来判断产品是否合格，检测齿个数实际上是通过有无判断进行的，所以对检测精度没有很高的要求，使用 30 万像素相机即可满足需求，且 30 万像素相机的程序处理速度更快。

（2）光源选择

由于各种材料、各种形状的反光特性各不相同，挑选光源最好的办法是试验法。分析检测需求，了解到程序应该是通过对齿的定位实现计数功能，所以图像效果应该突出齿的对比度，以保证计数准确。对比环光和面光的效果，如图 3-2 所示，面光对比度更高，特征更明显，因此选择正面面光。

a) 环光效果图   b) 面光效果图

图 3-2　光源打光效果对比

（3）镜头选择

本项目使用斑点定位和斑点计数工具，工具自身具有一定的抗干扰性，只要相似度超过一定阈值的斑点，均可以定位到，所以由于产品厚度造成的影响相对减弱，对相机到产品距离的远近没有太高要求。但是产品直径较大，所以选择 8mm 镜头，保证产品在视野范围内的占比为 1/3～2/3。相同高度下，镜头焦距越小，视野越大硬件选型见表 3-1。

表 3-1　硬件选型

序号	名称	详细型号	数量	单位	备注
1	相机	SV4-30ML	1	台	
2	镜头	SL-FC08FM	1	个	
3	光源	SI-FL113082W	1	个	大小可定制
4	光源控制器	SIC-242	1	个	
5	相机连接线	SW-IO	1	根	
6	网络连接线	SW-NET	1	根	网线
7	智能终端	STG765-ET	1	个	
8	延长接圈	1mm/5mm	1	个	

2. 场景搭建

选择光源控制器、支架、30 万像素相机、面光源、8mm 镜头，用交叉网线连接相机与计算机；用 SV-IO 串口线连接相机与电源控制器，其连线如图 3-3 所示。

3

CHAPTER

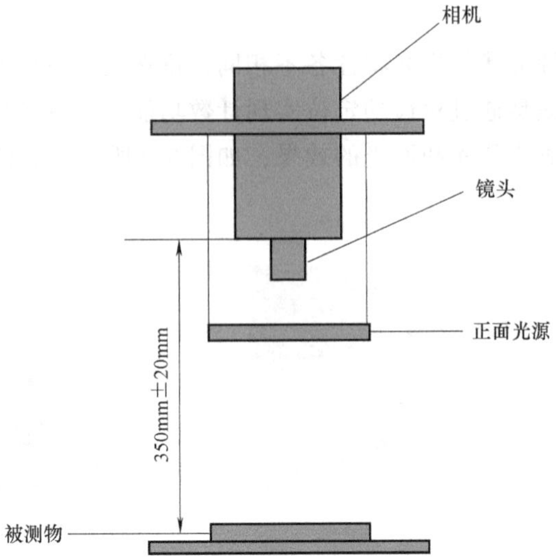

相机

镜头

正面光源

350mm±20mm

被测物

图 3-3　硬件连接框图

任务 3.2　上位机软件相关设置

打开 X-Sight 软件，选择"开始"→"设置"→"控制面板"→"网络和 Inter-net"→"网络和共享中心"→"更改适配器设置"→"以太网"→"Internet 协议版本 4"，设置参数如图 3-4 所示。

将 IP 地址设置为 192.168.8.＊，其中"＊"表示 1～255 的数字，但该数字不能等于相机地址（192.168.8.2）与默认网关，在固件更新时仅能用 192.168.8.253，推荐 IP 地址为 192.168.8.253。

单击 X-Sight 软件状态栏中的图标 连接相机，显示"相机连接"对话框，单击"搜索"，最后单击"确定"，搜索完成后单击"确定"，再单击图标 显示图像。

图 3-4　Internet 协议版本 4 参数设置

任务 3.3　工具应用及脚本编写

3.3.1　斑点定位

斑点定位工具根据周长和面积定位，若检测区域出现与周长、面积类似的斑点，则采用

3

CHAPTER

形状定位的目标定位工具。在视觉工具栏中选择"定位工具"→"斑点定位",在"图像显示"窗口中按住鼠标左键不松开,移动光标会有一个随着光标移动改变大小的矩形学习区域,在矩形大小合适的位置松开鼠标左键,会自动出现搜索区域,如图3-5所示。

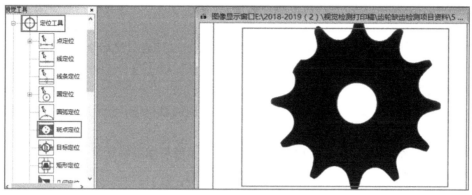

图 3-5　学习框与搜索框

实践小贴士

　　学习区域可以包含在搜索区域内也可以不在搜索区域内。进行产品检测时,以学习到的对象作为标准,只要对象落入搜索区域内便能定位。

　　在弹出的参数设置窗口中,有以下选项卡:

（1）常规

用于设置工具的名称;添加工具的描述;设置位置参照、图像参照。

（2）选项

用于修改搜索框的位置及大小,如图3-6所示。

1）"阈值"。

①"亮度:无":把选框中的图像恢复到原始图。

②"亮度:固定值":可设定确定的灰度值阈值。若设为160,则灰度值低于160为黑像素点,灰度值高于160为白像素点,默认设置为128。

③"亮度:路径对比度百分比":可设定灰度值阈值百分比。灰度值强度阈

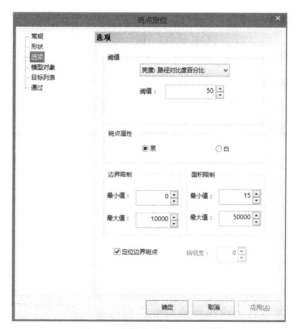

图 3-6　"斑点定位"对话框

值=（最大灰度值-最小灰度值）×灰度值阈值百分比+最小灰度值。若灰度值阈值百分比设为40%,且扫描区域内最小灰度值为20,最大灰度值为250,则灰度值低于（250-20）×40%+20,（即112）为黑像素点,灰度值高于112为白像素点。

④"亮度：自动双峰"：根据扫描路径直方图中的双峰值自动算出灰度值强度阈值。

⑤"亮度：自适应"：采样模板大小表示判断一个像素是黑色还是白色需要与周围 $N×N$ 个像素进行对比，其中 N 为采样模板大小设定的像素数。阈值0%对应采样模板中的灰度平均值，100%为绝对白，−100%为绝对黑。例如，当选择0%时，像素点只要不小于平均灰度值就为白色。

2）"斑点属性"："黑"表示被定位对象为黑色；"白"表示被定位对象为白色。

3）"边界限制"："最小值"为设置斑点周长范围的最小值；"最大值"为设置斑点周长范围的最大值。

4）"面积限制"："最小值"为设置斑点面积范围的最小值；"最大值"为设置斑点面积范围的最大值。

5）"定位边界斑点"：勾选此项后，搜索框边界上的斑点也能定位。

实践小贴士

1）设定"边界限制"参数时，当被检测斑点周长不在此范围内时则定位不到该斑点，可能需要适当放大。"边界限制"也可用于过滤差距较大的干扰。

2）设定"面积限制"参数时，当被检测斑点面积不在此范围内时则定位不到该斑点，可能需要适当放大。"面积限制"也可用于过滤差距较大的干扰。

（3）模型对象

"模型对象"选项卡如图3-7所示。

1）"学习区左下角"及"学习区右上角"：用于修改学习框的位置及大小。

2）"重新学习"：在学习区域中根据设置的参数学习对象。

3）"设为标准"：将学习到的某个对象设为基准。

（4）目标列表

在目标列表中显示定位到的斑点的匹配得分、周长、面积、中心坐标，定位到的斑点匹配得分最高。

（5）通过

选项卡中"最小匹配得分"指若在搜索区域内找到的对象匹配得分大于或等于所设值则能定位到斑点，小于所设值则定位不到斑点。此参数可以用来滤去不需要的斑点。

图3-7　"模型对象"选项卡

本项目实施时，"选项"选项卡参数设置如图3-8所示，"斑点属性"为"白"，增大"边界限制"和"面积限制"的最大值。设置完成后，先单击"应用"按钮使设置的参数生效，然后切换到"模型对象"选项卡中，单击"重新学习"按钮，在中间的列表中找到想要作为

3

CHAPTER

模板的目标，选中后该目标变为紫色边缘，最后单击"设为基准"→"确定"，关闭窗口即可。

3.3.2 圆环内斑点计数

在工具列表中，选择"计数工具"→"斑点计数"→"圆环内斑点计数"；在"图像显示"窗口中按住鼠标左键不松开，移动光标会有一个随着光标移动改变大小的圆，在某一位置松开鼠标左键，然后向内侧或外侧移动光标形成另一个圆，在某一位置单击鼠标，两个圆形成一个圆环，此圆环即为搜索区域。其形状位置可二次修改，最终调整其位置如图3-9所示。

图3-8 "选项"参数设置

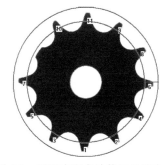

图3-9 圆环内斑点计数工具的应用

在弹出的参数设置窗口中，"常规"参数设置与斑点定位很相似，其他选项含义如下：

（1）形状

修改圆的中心和半径。

（2）选项

"最小匹配得分"指若在搜索区域内找到的对象匹配得分大于或等于所设值则能定位到斑点，小于所设值则定位不到斑点。此参数可以用来滤去不需要的斑点。

（3）通过

"斑点数目范围"为计数目标个数的最大值和最小值，保持默认即可。

本项目实施时，先将工具位置和大小调整到如图3-9所示状态。为了实现斑点计数工具随着斑点定位到的目标移动位置，在"常规"选项卡中按如图3-10所示设置，也可以重新整理工具名后使用如下脚本程序实现：

```
var c = dynobject_circleloop(tool2. In. region);
c. circlePoint. x = tool1. Out. blob. mark. centerPoint. x;
c. circlePoint. y = tool1. Out. blob. mark. centerPoint. y;
```

其中，var 表示不定变量，c 表示 tool2 输入的检测区域内的中心坐标，随着 tool1 的结果移动。

"选项"中的参数默认即可，然后打开"模型对象"，单击"重新学习"按钮，在列表中找到一个面积或周长比较适中的目标，选中后单击"设为基准"按钮，然后单击"确认"按钮关闭窗口。

图 3-10　"常规"参数设置

3.3.3　脚本程序开发

1. 区域运算函数

当需要通过程序来更改计数工具输入区域时，可运用区域运算函数，类型包括矩形、圆周、圆环等，见表 3-2，根据计数工具输入区域的形状来判断使用类型。

表 3-2　区域运算函数类型

函数格式	函数功能
dynobject_rect(　　　)	转换为矩形区域
dynobject_circle(　　　)	转换为圆周区域
dynobject_circleloop(　　　)	转换为圆环区域

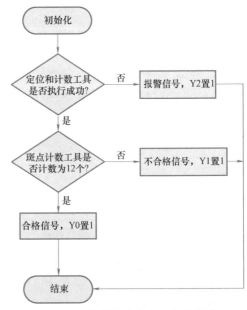

图 3-11　齿轮缺齿脚本程序逻辑图

2. 齿轮缺齿程序设计

定义 single 变量：标志信号显示检测状态，0—未检测、1—合格、2—缺齿、3—定位失败报警；判断斑点定位工具和斑点计数工具是否执行成功，若执行成功，则计数工具开始计数，否则触发3—定位失败报警信号，此时 Y2 置 1；判断斑点计数工具计数结果是否为 12 个，若斑点计数工具个数等于 12，则触发 1—合格信号，齿轮合格，此时Y0 置 1；否则触发 2—缺齿信号，齿轮不合格缺齿，此时 Y1 置 1，脚本程序逻辑图见图 3-11。

按照上述逻辑图，设计脚本程序，见表 3-3。

表 3-3　齿轮缺齿脚本程序

脚本程序	注释
添加全局变量： 　　　添加变量　n(int) 12; 　　　添加变量　single(int) 0; 　　　添加变量　sum(int) 0;	
tool4. single = 0;	初始化
if(tool1. out. result = = 0　&&　tool2. Out. result = = 0)	判断斑点定位和斑点计数工具是否执行成功（"&&"前后有空格）
{	
if(tool2. Out. blobNum = = tool3. n)	判断斑点计数工具个数是否为 12 个

（续）

脚本程序	注释
{	
writeOutput(0,1);	若计数结果等于齿个数,则给出合格信号
tool3. sum = 12;	显示总的齿个数
tool3. single = 1;	显示齿轮合格
}	
else	
{	
writeOutput(1,1);	齿轮不合格,置位 Y1
tool3. single = 2;	显示缺齿个数
tool3. sum = tool2. Out. blobNum;	显示当前检测的齿个数
}	
}	
else	
{	
writeOutput(2,1);	定位失败,置位 Y2
tool3. single = 3;	显示定位失败标志
tool3. sum = 0;	定位失败时,对齿个数进行清零
}	

任务 3.4 Modbus 配置和显示

3.4.1 仿真显示

单击 X-Sight 软件菜单栏的“窗口”→“Modbus 配置”，在出现的“Modbus 配置”窗口中单击“添加”，选择相应变量 tool4. single、tool4. sum，关闭窗口，如图 3-12 所示。tool4. n 的数值是判定齿轮合格的基准值，即合格品的齿轮应该是有 12 个齿。tool4. sum 的数值表示检测齿轮的实际齿数，此时显示是 12，表示正在检测的齿轮有 12 个齿。tool4. single 表示齿轮检测结果。根据视觉脚本，tool4. single 为 1 时，表示正在检测的齿轮是合格品。

Modbus配置

添加 删除 高级删除 地址排序

别名	值	地址	保持	变量	类型
tool4_n	12	1000	保持	tool4. n	双字
tool4_sum	12	1002		tool4. sum	双字
tool4_single	1	1004		tool4. single	双字

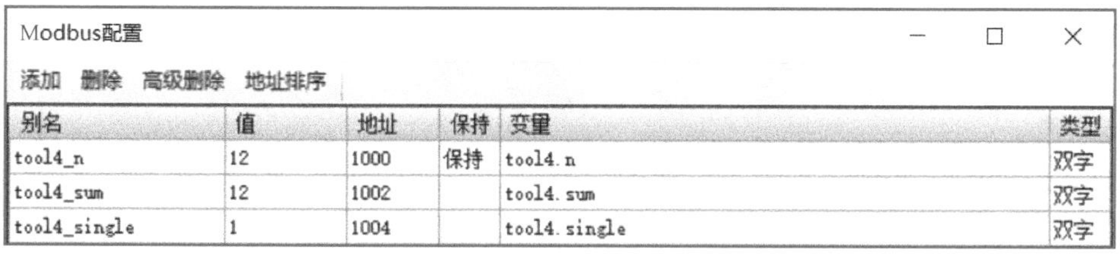

图 3-12 “Modbus 配置”窗口

单击“下载”图标，“运行”图标，单击“显示图像”图标，相机可实现自动运行；单击“窗口”→“IO 状态监控”，如图 3-13 所示，Y0 得电表示此时检测的齿轮为合格品。

单击 X-Sight 软件菜单栏的"窗口"→"Modbus 输出监控"，可以对脚本中的全局变量进行实时监控，如图 3-14 所示。

图 3-13　I/O 输出状态监控

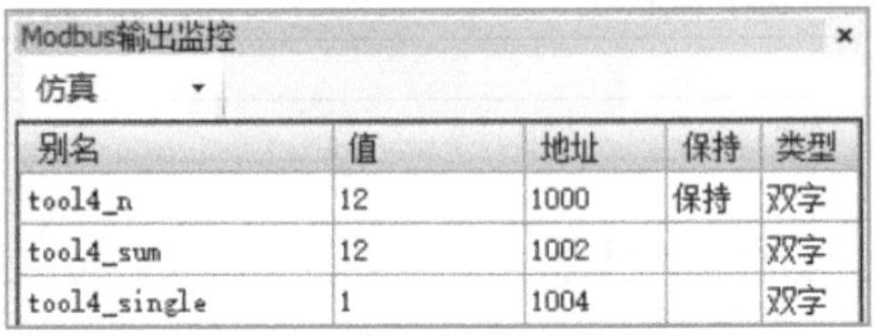

图 3-14　"Modbus 输出监控"窗口

3.4.2　PLC 显示

使用 S7-1200 PLC 与相机通过 RS485 通信，在 PLC 中实时读取工具结果的值。在相机侧进行 Modbus 配置，将需要引出的变量添加到地址中，如图 3-15 所示。

图 3-15　X-Sight 侧相关设置

PLC 侧的相关设置如下：

1) 添加 PLC 子网与相机在同一个子网，如图 3-16 所示，勾选"系统和时钟存储器"。

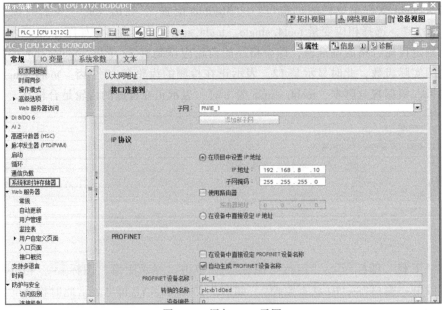

图 3-16　添加 PLC 子网

2）添加"DB"数据块，接收视觉数据；去掉"属性"中的"优化访问"块，添加需要接收的数据名称，类型为"DWord"，如图 3-17 所示。可以多添加几个备用接收数据。

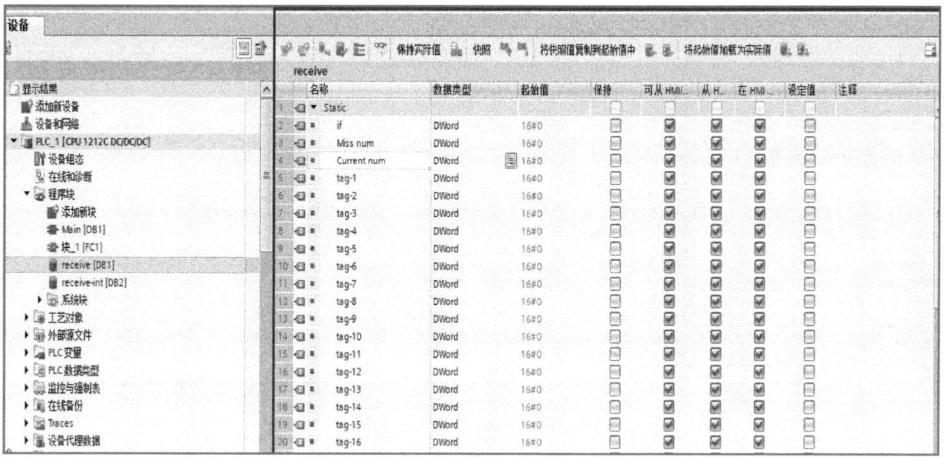

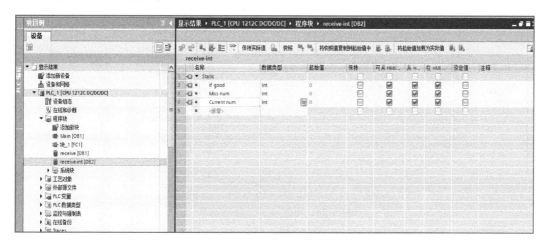

图 3-17 接收视觉数据

3）添加"DB"数据块，接收处理完的视觉数据；去掉"属性"中的"优化访问"块，"是否合格"的数据只有"0"和"1"，"缺齿数"与"当前齿数"都是数字，所以类型改为"Int"。如图 3-18 所示。

图 3-18 接收处理完的视觉数据

4）添加"FC"函数块，语言："SCL"；去掉"属性"中的"优化访问"块，将接收的视觉数据"DWord"映像成需要的数据类型"Int"，如图 3-19 所示。

5）添加"FB"函数块，编写程序；添加"MODBUS TCP"通信块，设置参数、相机IP 地址。"MB_DATA_PTR"为接收的数据块。更改系统块中"MB_CLIENT_DB"的"MB_UNIT_ID"，使其与"CNNNECT_ID"一样，如图 3-20 所示。

6）添加"FB"函数块，编写程序。不缺齿时亮绿灯，缺齿时亮红灯，同时显示当前齿个数，缺齿时显示缺齿个数，如图 3-21 所示。

图 3-19　添加"FC"函数块

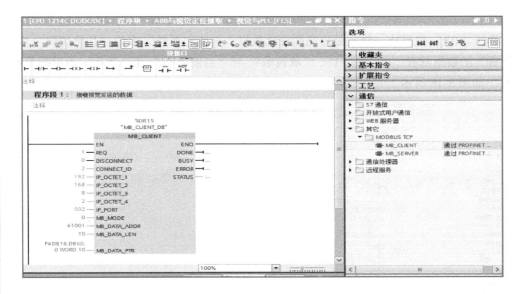

图 3-20　相机与 PLC 进行通信

相机程序与 PLC 程序设置好后须分别下载到相应的设备中。当 PLC 或其他外部设备在读取相机端口信号时未正常接收到相机的输出数据，则需要先判断软件 I/O 状态。若软件无输出，则为相机的相关问题；若软件有输出，则需要检查相机到 PLC 的输入部分。

3.4.3　触摸屏显示

打开触摸屏编辑软件，单击"新建"图标 ▢ ，进行信捷触摸屏型号的选择，如图 3-22所示。

选择和触摸屏相一致的型号，然后单击"下一步"；选择"以太网设备"，进行 IP 地址和网关的设置，如图 3-23 所示。

▼ **程序段 1：** 不缺齿
注释

```
%MW30        DB2.???
"Tag_3"    "receive-int"."if
  ==          good"                              %Q0.0
 Word          ==                                "绿灯"
  0            Int                               ( )
               0
```

▼ **程序段 2：** 缺齿
注释

```
%MW30        DB2.???
"Tag_3"    "receive-int"."if
  ==          good"                              %Q0.1
 Word          ==                                "红灯"
  0            Int                               ( )
               1
                              MOVE
                          EN ── ENO
                       1 ─ IN    %MW30
                           ⇩ OUT1 ─ "Tag_3"
```

▼ **程序段 3：** 缺齿数
注释

```
%MW30
"Tag_3"              MOVE
  ==              EN ── ENO
 Word                             %MD10
  1          DB2.???          ⇩ OUT1 ─ "Tag_1"
          "receive-int".
          "Miss num" ─ IN
```

▼ **程序段 4：** 当前齿数
注释

```
                    MOVE
                EN ── ENO
    DB2.???                  %MD20
"receive-int".          ⇩ OUT1 ─ "Tag_2"
"Current num" ─ IN
```

图 3-21　"是否缺齿"程序

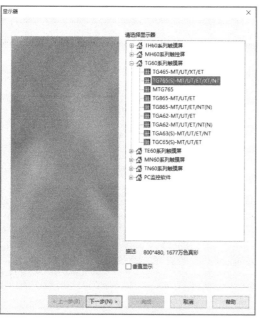

图 3-22　触摸屏型号设置对话框

图 3-23　"以太网设备"对话框

3

CHAPTER

右击"以太网设备"→"新建"，显示如图 3-24 所示的对话框。将设备"名称"改为"相机"，单击"确定"。

在图 3-25 所示的"IP 地址"设置对话框中进行相机 IP 地址的设置，设置为192.168.8.2，单击"下一步"，完成相关设置（工程名称可自行修改）。

图 3-24　"名称"设置对话框　　　　图 3-25　"IP 地址"设置对话框

触摸屏工程界面如图 3-26 所示，单击"视觉显示"图标，进入视觉显示区域设置。

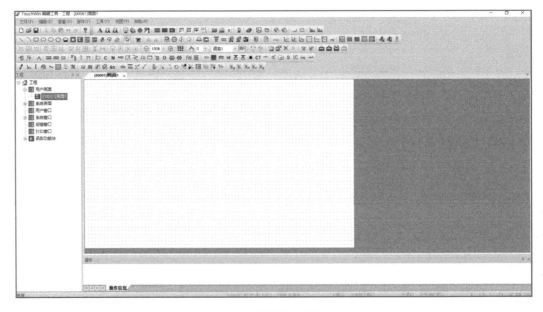

图 3-26　触摸屏工程界面

在触摸屏工程界面中单击"视觉显示"图标，进入视觉显示区域设置。按图 3-27 所示进行 IP、端口号、背景色、图像参数的设置，并将"宽度"设为 640，"高度"设为 480。

图 3-27 "视觉显示"设置对话框

单击"文字串"图标 **A**，在对话框中输入"当前齿数目"，如图 3-28 所示；单击"数据显示"→"对象"→"相机"，相关参数设置如图 3-29 所示。

图 3-28 输入"文字串"对话框

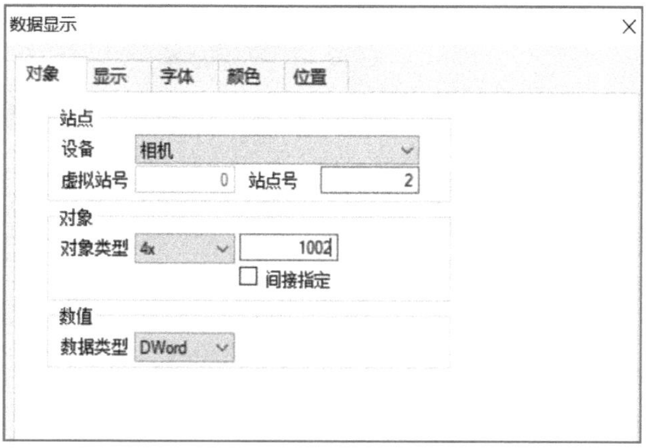

图 3-29 "数据显示"对话框

单击"动态文字串"图标 **AA**，显示动态参数，相关参数如图 3-30 所示；在"显示"设置中，根据脚本程序中自行定义的变量含义，修改"文字串 0"为"未检测到"；"文字串 1"为"合格"；"文字串 2"为"缺齿"；"文字串 3"为"定位失败"；"对象类型"设置为"4×1004"。单击"下载"，将程序下载到相机。

图 3-30 "动态文字串"设置

【康耐视视觉检测篇】

任务 3.5 执行思路

基于康耐视检测软件的齿轮缺齿视觉检测项目执行思路如图 3-31 所示。

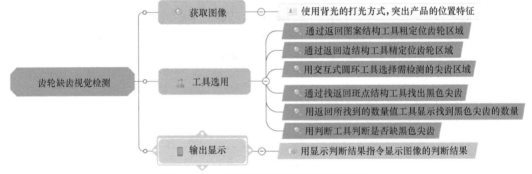

图 3-31 齿轮缺齿视觉检测项目执行思路

任务 3.6 显示图像

打开康耐视软件，右击左边的图标 7LNVVLW0RTSC398 ，选择"显示电子表格视图"。单击"文件"，选择"打开图像"，插入将要检测的图，就可以显示该图片，如图 3-32 所示。单击图标可以查看图片。

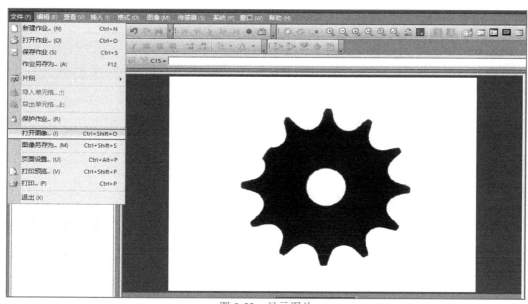

图 3-32　显示图片

任务 3.7　定位齿轮位置

1. 粗定位齿轮的位置

单击"函数"→"视觉工具"→"图案匹配"，添加"FindPatterns"指令粗定位齿轮区域。"模型区域"选择白色小圆外围，"查找区域"选择图标 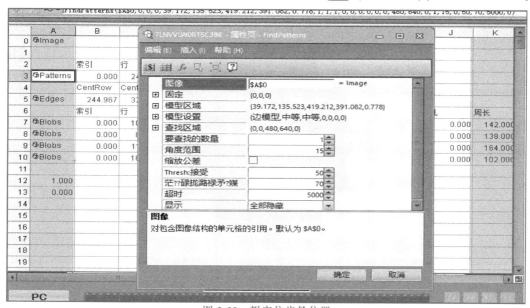（最大区域），如图 3-33 所示。

图 3-33　粗定位齿轮位置

2. 精定位齿轮的位置

单击"函数"→"视觉工具"→"边"，添加"FindCircle"指令找圆。"固定"选择上面粗定位的"行、Col"，"圆环"小的区域选择要小于白色圆，大的区域要大于整个齿轮，

"极性"选择"白到黑",如图 3-34 所示。

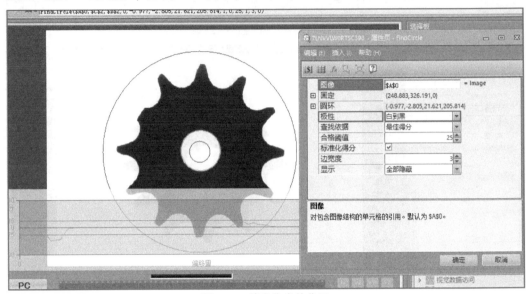

图 3-34　精定位齿轮位置

任务 3.8　检测齿轮上的尖齿

1. 选择尖齿区域

在表格中直接添加"EditAnnulus"指令选择外部区域,选择尖齿位置,如图 3-35 所示。

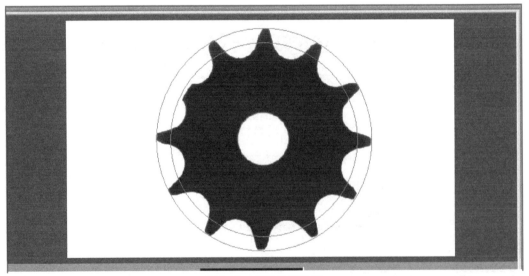

图 3-35　确定尖齿区域

2. 检测黑色斑点数量

单击"函数"→"视觉工具"→"斑点",添加"ExtratBlobs"指令检测黑色斑点。"外部区域"引用上述尖齿区域,"要排序的数量"为"12","阈值"显示所有可见的黑色尖齿,"颜色:斑点"选"黑","颜色:背景"选"白",如图 3-36 所示。

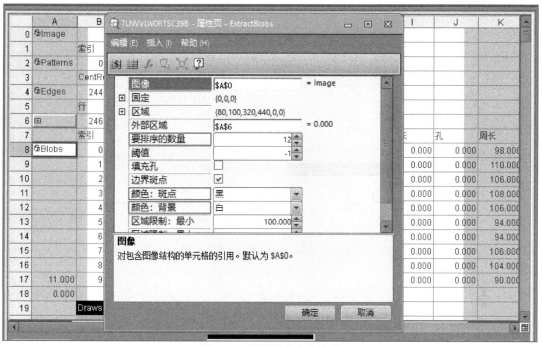

图 3-36　检测黑色尖齿数量

3. 显示黑色齿轮数量

在表格中直接添加"GetNFound"指令检测斑点数。引用检测黑色斑点指令"Blobs"，如图 3-37 所示。

	A	B	C	D	E	F	G	H	I	J	K
1		索引	行	Col	角度	缩放比例	得分				
2	⊞Patterns	0.000	248.883	326.191	2.887	100.000	100.000				
3		CentRow	CentCol	半径	得分						
4	⊞Edges	244.910	324.936	41.229	-86.505						
5		行	Col	InnerRadiu	OuterRadius						
6	⊟	246.871	325.617	154.708	177.951						
7		索引	行	Col	角度	颜色	得分	区域	伸长	孔	周长
8	⊞Blobs	0.000	241.966	161.580	263.465	0.000	100.000	417.000	0.000	0.000	98.000
9		1.000	105.751	410.077	321.988	0.000	100.000	417.000	0.000	0.000	110.000
10		2.000	102.745	246.616	194.626	0.000	100.000	411.000	0.000	0.000	106.000
11		3.000	324.328	181.156	302.378	0.000	100.000	409.000	0.000	0.000	108.000
12		4.000	166.865	468.798	115.594	0.000	100.000	406.000	0.000	0.000	106.000
13		5.000	249.277	489.015	252.212	0.000	100.000	400.000	0.000	0.000	94.000
14		6.000	81.948	328.638	174.169	0.000	100.000	400.000	0.000	0.000	94.000
15		7.000	386.061	239.384	322.890	0.000	100.000	393.000	0.000	0.000	106.000
16		8.000	331.341	465.399	214.305	0.000	100.000	378.000	0.000	0.000	104.000
17	GetNFound(A8)										

图 3-37　显示黑色齿轮数量

任务 3.9　判断齿轮是否合格

1. 判断齿轮的齿数

在表格中添加"If"判断指令，引用上述检测数量做判断，如图 3-38 所示。

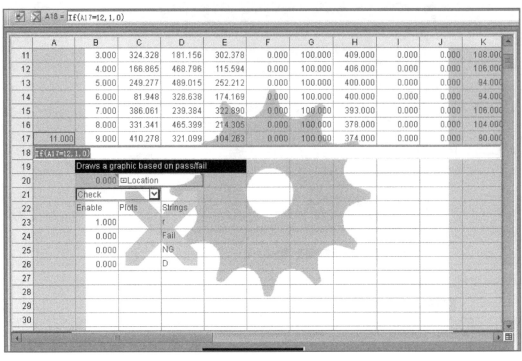

图 3-38 判断齿轮齿数

2. 显示判断结果

单击"函数"→"片段"→"Display",添加"PassFailGraphic. cxd"指令显示界面。"0"选择"If(A17=12,1,0)"（见图 3-38），"Location"可以更改结果的位置，如图 3-39 所示。

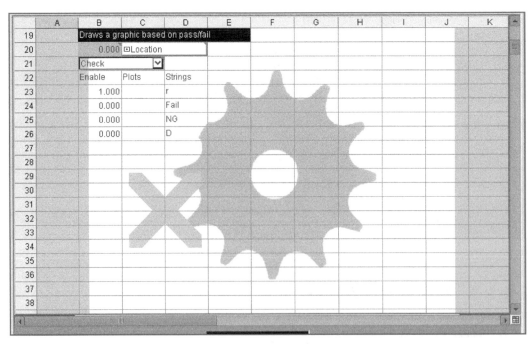

图 3-39 显示判断结果

3

CHAPTER

【工程师在线】

如图 3-40 所示，若检测任务有正反面需求，可根据齿轮产品上的特有特征来判别正反面。当获取的是彩色图片时，彩色图片对斑点定位产生了干扰，即使用斑点定位工具会误定位到多个斑点，无法准确定位到斑点的轮廓。

【知识闯关】

1. 本项目检测时，可以使用斑点定位工具定位（　　　），或者（　　　　　　）。

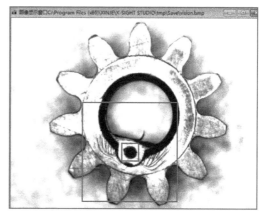

图 3-40　现场案例

2. 若需要将检测结果的合格或者不合格信号在 PLC 上显示出来，需要连接光源控制器的（　　　）端子。

3. 根据项目检测需求，使用（　　　　　　）来判断是否缺齿。配合圆环内斑点计数以及脚本工具，可使用（　　　　　）、（　　　　　）或（　　　　　）。

4. 为了实现斑点计数工具随着斑点定位到的目标移动位置，有哪两种实施方法？

【评价反馈】

项目评价参见表 3-4，可采取自评互评相结合的评价反馈方式。

表 3-4　项目评价表

内　容	评 价 要 点	分值	得分
图片装载	新建工程文件,保存文件,按照要求命名工程文件	5 分	
	运行 X-Sight 软件装载检测图片	5 分	
定位及计数工具使用	定位工具选用及参数设定	15 分	
	圆环区域内斑点计数工具的使用及参数设定	10 分	
脚本程序设计	使用 X-Sight 软件建立脚本,添加全局变量,设定初始值	15 分	
	计数工具中心随动脚本程序设计	15 分	
	齿轮是否缺齿脚本程序设计	10 分	
视觉结果输出	当前齿个数 Modbus 配置	15 分	
	检测结果的动态参数显示	10 分	
总分		100 分	

【延伸阅读】

工匠寄语： 我们中国医生自己要争气，你必须有点你自己拿得出手的东西来，这个时候才能够真正地征服大家，让人相信你。

个人事迹：

周平红，复旦大学附属中山医院内镜中心主任，是消化内镜领域的行业翘楚、国际顶级专家。传统的 POEM 手术是利用一条 1.2m 长的特制管状内窥镜，深入体内的手术点实施精准手术。人的食管壁最厚的地方只有 0.4mm，在如此狭小的空间进行手术，患者的食管容易受损。周平红独辟蹊径，以注入生理盐水的方法把原本密合的食道黏膜下层分离，在病人的食道管壁的夹层中建造一条隐形隧道，减少了患者的痛苦。内窥镜在周平红手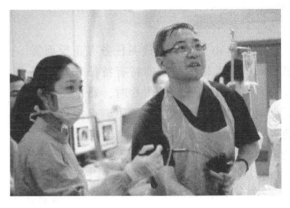里就像吃饭使用的筷子一样熟练。在第 14 届世界消化内镜大会的手术演示中，周平红用半小时的手术时间，打破了此前日本医生保持的一小时的纪录，展示了中国医生内镜手术的速度、质量和技法，并奠定了中国在世界消化内镜微创切除领域的领先地位。

3

CHAPTER

项目4

六角螺母定位的视觉检测与输出显示

【学习目标】

知识目标

1) 掌握硬件选型方法及硬件搭建方法。
2) 理解线定位、轮廓定位、图案定位等定位工具的参数含义。
3) 理解角度测量工具的参数含义。
4) 理解 for 循环语句，掌握冒泡排序法。
5) 掌握数值型全局变量的触摸屏显示方法。

能力目标

1) 硬件选型与搭建能力：会正确选择光源、相机、镜头并连接视觉检测系统硬件。
2) 定位工具选用能力：会熟练使用线定位、轮廓定位、图案定位等定位工具；会熟练使用角度测量工具。
3) 脚本程序设计与调试能力：会编写程序，实现取出中心坐标和角度、测量边线夹角、判断夹角是否在允许范围内。
4) 视觉检测结果输出与显示能力：能在触摸屏上设置和显示数值型全局变量。

素养目标

1) 企业走访，了解产品检测需求，体会职业行为。
2) 一分钟演讲，分享大国工匠案例，体会工匠精神，强化爱国梦想。
3) 参与企业展会，跟踪机器视觉新技术应用。

【项目导学】

情境导入

目前工业生产中，物料的抓取、分拣、码垛等主要采用人工的方法进行，人工操作存在较高的错误率，而工业机器人因其重复定位精度高，正逐步替代人工操作。但是，如何从合适的位置抓取物料，给机器人带来了视觉识别的难度。本项目实现了机器视觉获取螺母中心位置，如中心坐标和角度数值等，从而实现了对螺母的准确定位。

可行性方案

打开 X-Sight 软件，打开"图像"中的"打开图像序列"，选择对应的图片文件夹，插入待检测图像，如图 4-1 所示。

既能定位到目标中心坐标又能定位到角度的定位工具有图案定位和轮廓定位。由于图案定位学习后显示不够直观，无法判定学习模板的好坏，所以本项目使用轮廓定位。轮廓定位工具与图案定位工具相比更加精准，但处理时间相对较长；在确定矩形框后，轮廓定位可同时定位到多个

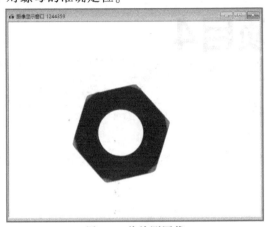

图 4-1　待检测图像

不同目标，而图案定位会从定位到的目标中选出得分最高的一个。

执行思路

使用背光的打光方式获取图像；通过一个图案定位或轮廓定位，六个像素统计工具；通过线定位定位到相邻两边的线，并通过角度测量工具测出两线夹角；最后编写脚本程序，判断螺母的中心位置，执行思路如图 4-2 所示。

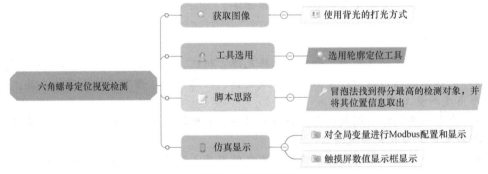

图 4-2　六角螺母定位视觉检测的执行思路

【X-Sight 视觉检测篇】

任务 4.1　硬件选型与场景搭建

4.1.1　硬件选型

根据六角螺母样品的实际大小，选用 640×480（约 30 万）像素的黑白相机，FA 定焦 25mm 镜头，113mm×82mm 白色面光源（大小可定制），信捷 24V 光源控制器，信捷 STG 系列智能终端，配备相机连接线和网络连接线以及延长接圈，构成一套完整的视觉系统。架设硬件时，注意调整镜头与样品的距离，确保样品在相机视野范围内的占比为 1/3～2/3。用交

叉网线连接相机与计算机；用XV-CAB串口线连接相机与电源控制器。

（1）相机选型

由于现有检测工具中既有中心定位结果又有轮廓定位结果的只有轮廓定位或图案定位两个工具，且这两个工具所占内存较大，相机像素越高占用内存越严重，所以在精度要求不是非常高的情况下，建议选择30万像素相机。

（2）光源选择

轮廓定位或图案定位工具都是依赖样品边缘轮廓的相似度进行匹配定位的，因此保证每次拍摄的图像轮廓清晰稳定尤为重要。而所有打光方式中，面光源背部打光的方式获得的轮廓清晰稳定程度最好，所以选择面光源（注意：如果样品厚度过大，则需要保证每次拍摄时样品与相机中心的同心度，以免产品过高，位于视野边缘，导致拍摄到样品侧面，影响轮廓。若样品高度超过一定值，如10mm，则背光方式不一定适用，可另选光源）。

（3）镜头的选择

由于六角螺母本身有一定高度，为避免样品在视野边缘而拍摄到样品侧面的情况，选择镜头时应使相机稍微远离样品，所以需要选择焦距稍大的镜头，可以选择25mm镜头。若产品很薄，也可以根据相机架设高度另行选择，使样品在图像中所占比例不会过小。

本项目硬件选型见表4-1。

表4-1 硬件选型

序号	名称	详细型号	数量	单位	备注
1	相机	SV4-30ML	1	台	
2	镜头	SL-FC25FM	1	个	
3	光源	SI-FL113082W	1	个	大小定制
4	光源控制器	SIC-242	1	个	
5	相机连接线	SV-IO	1	根	
6	网络连接线	SV-NET	1	根	网线
7	智能终端	STG765-ET	1	个	
8	延长接圈	1mm/5mm	1	个	

4.1.2 场景搭建

选择光源控制器、支架、30万像素相机、面光源、25mm镜头，用交叉网线连接相机与计算机；用SV-IO串口线连接相机与电源控制器，其硬件连接框图如图4-3所示。

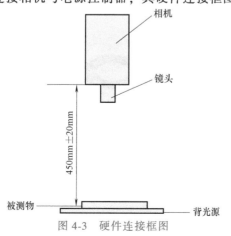

图4-3 硬件连接框图

任务4.2　上位机以太网卡配置

打开 X-Sight 软件，选择"开始"→"设置"→"控制面板"→"网络和 Internet"→"网络和共享中心"→"更改适配器设置"→"以太网"→"Internet 协议版本 4"，设置参数如图 4-4 所示。

将 IP 地址设置为 192.168.8.＊，其中"＊"表示 1~255 的数字，但该数字不能等于相机地址（192.168.8.2）与默认网关，在固件更新时仅能用 192.168.8.253，所以一般推荐 IP 地址设置为 192.168.8.253。

打开 X-Sight 软件，单击状态栏中的图标 连接相机，显示"相机连接"对话框，单击"搜索"，最后单击"确定"，搜索完毕后单击"确定"，再单击图标 ⊚ 显示图像。

图 4-4　Internet 协议版本 4 参数设置

任务4.3　工具应用及脚本编写

4.3.1　图案定位

图案定位是先提取模板和待搜索区域图像的特征，再将特征进行匹配，从而计算出模板和对象之间的几何位置关系。选择"定位工具"→"图案定位"，在软件右侧界面拖动形成学习框，如图 4-5 所示；松开鼠标，出现"图案定位工具参数配置"对话框，如图 4-6 所示，单击"确定"。

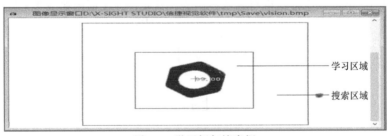

图 4-5　学习框与搜索框

1）图像采集。
默认为"采集的图像"，即相机拍摄的且未经过处理的图像。
2）学习区域。
学习区域为人工绘制的矩形区域，尽量只包含待定位目标，同时，选取的模板应尽量确保与实际环境下的目标相一致。

3）搜索区域。

在此区域内搜索目标。

4）目标搜索的最大个数。

该参数默认为 1，即找出图像中匹配得分最高的目标，根据现场案例，保证该值大于可能出现的最多目标个数。

5）模板轮廓的最小尺寸。

该参数确定是否需要缩放，默认不需要缩放，即只检测同一类型或同样大小的产品。

6）相似度阈值。得分范围为 0（不匹配）~100（完全匹配），即定位目标与学习模板相似度超过设定值就判定为合格的目标。在实际定位情况下，应选取合适的相似度阈值，保证目标定位准确度和运行速度。相似度阈值过小会造成误检率增加，运算量加大；过大则会增加漏检率。

图 4-6　"图案定位工具
参数配置"对话框

7）目标搜索的角度。实时图像时，目标可能存在旋转角度变化，为准确快速定位，应根据目标实际可能出现的最大角度偏差设定该值，该值较小时可减少定位时间。对于几何对称的目标，更应根据其对称特性设置该值。

实践小贴士

1）目标搜索的角度，默认水平向右为 X 轴 0°，水平线之上为正角度，反之为负角度；一般从−180°开始，沿着逆时针方向扫描到+180°，搜索到的第一个与模板目标相似度最高的位置即以当前蓝色箭头显示。

2）本项目选用 30 万像素的相机，搜索框的像素为 1280×960，X/Y 方向长度各乘以 2。

3）使用图案定位工具后，当对来料螺母进行检测时，视觉定位到的目标和学习模板（水平向右）之间存在角度偏差，如"输出监控"中的参数-旋转角度，该偏差可通过机器人侧的参数设置进行补偿。

4.3.2　轮廓定位

轮廓定位工具可以定位图形的轮廓。选择"定位工具"→"轮廓定位"，在软件界面右侧画出矩形学习框，单击"学习"后单击"应用"按钮，如图4-7所示。各选项卡参数含义如下：

（1）常规

用于设置工具的位置参照。

1）"图像参照"："采集的图像"表示使用相机拍摄的图像。

2）"继承类型"：指搜索区域跟随其他工具的状态，此项目为全视野搜索。

（2）形状

定义搜索区域的坐标。"起点"为左下角的坐标；"终点"为右上角的坐标。

（3）选项

4

CHAPTER

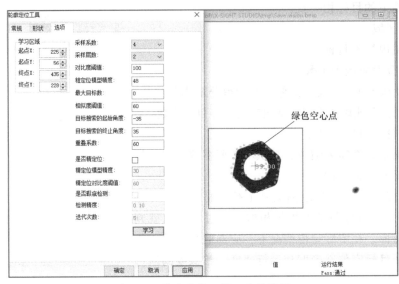

图 4-7 "轮廓定位工具"参数设置

1)"学习区域":修改学习框位置的大小。

2)"采样系数":算法采样的系数,值越大精度越高,但所占内存越大,速度越慢,默认值为 4(默认即可)。

3)"采样层数":将附近 $N×N$ 个像素中心分层虚拟成一个金字塔的形状,算法将抽取其中某层的像素进行匹配。金字塔最中心像素层次最高,越往下所占的像素个数越多,精度也越高,默认值为 2。

4)"对比度阈值":根据图形的模糊程度进行设置,图形越模糊则取值越小。目标为黑色,背景是白色,对比度越高,取值越高(默认即可)。

5)"粗定位模型精度":该目标的特征点学习模板时采样特征点的个数,即图像模板周围绿色空心点的个数,数值越大精度越高,速度越慢(默认即可)。

6)"最大目标数":设置搜索框内相对于学习模板相似度最高的目标的个数。

7)"相似度阈值":类似于匹配得分,若定位的目标和学习目标相似度大于等于设置值时,则能定位到图形,小于设置值则定位不到图形。

8)"目标搜索的起始、终止角度"。轮廓定位工具仅搜索从起始角度逆时针方向旋转到终止角度范围内的相似目标。

9)"重叠系数":如果两个图形有重叠,那么就可以设置重叠系数,当重叠系数大于等于设置值时,将会把得分低的图形滤除,保留得分高的图形(默认即可)。

10)"是否精定位":选择精定位后可以精确到定位图形;在粗定位的基础上,将目标拟合成直线。

①"精定位模型精度":根据不同精度要求设置大小(默认即可)。

②"精定位对比度阈值":根据图形的模糊程度设置大小,图形越模糊则取值越小(默认即可)。

11)"是否瑕疵检测":是否打开瑕疵检测功能,即对于图形中的瑕疵进行检测。使用轮廓定位工具时,若当前定位到的目标轮廓与学习模板轮廓存在差异,即以红色链条显示。

12）"检测精度"：为算法内部的执行参数，影响检测时的迭代精度或迭代次数，取值为"0"或"1"，设置为"0"表示检测精度极低，此时需要滤除的目标可能太多；设置为"1"表示系统需要迭代的次数过多，一般选用默认值即可。

13）迭代次数：默认即可。

实践小贴士

由于六角螺母为完全对称图形，所以设置参数时目标搜索的起始、终止角度可以如图4-7所示设置，在此范围内必定可定位到目标。学习时应观察学习效果，使模板轮廓上的句点较均匀分布。另外，使用30万像素相机时，也可勾选精定位以提高定位精度。

4.3.3 线定位

六角螺母每条边均为直线，可以定位到相邻两边的线段，以此检测出六角螺母相邻两边的夹角。其操作步骤如下：

1）在工具列表的定位工具中选择线定位工具。

2）在"图像显示"窗口中，按住鼠标左键不松开，显示一条有方向的直线，在直线比较合适的地方松开鼠标左键，该方向便为检测方向。拖动光标，显示一条跟随光标变化的直线。

3）使光标向直线两侧移动，显示一个矩形选框，显示满意的矩形后单击鼠标左键，形成的绿色矩形框即为检测区域。检测区域中形成的绿色直线即为拟合出的边界线，如图4-8所示。用同样的方法操作，可形成第二个蓝色矩形框。

4）参数设置。线定位工具各选项卡参数设置如下：

① 选项。"定位边缘类型"指工具的搜索方向，为"从白到黑"；"序号"指选取定位到的一条直线。

② 常规。为了保证产品检测时都能定位到一条直线，"位置参照"窗口中的"继承类型"参数设置为"相对静止"，如图4-9所示，表示线定位工具相对于之前的轮廓定位工具tool1静止，搜索框随着定位到的轮廓目标移动，参数设定完毕后表示搜索框稳定地定位到一条直线。用同样的方法设定"常规"和"选项"参数，可定位到第二条直线。

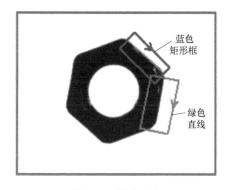

图 4-8　检测区域

图 4-9　"位置参照"参数设置

4

CHAPTER

实践小贴士

1）"继承类型"的下拉菜单中，"平移"表示线定位工具会随着轮廓定位到的目标平移移动；"角度旋转"表示线定位工具会随着轮廓定位到的目标旋转；"相对静止"则是既平移又旋转；"同步旋转"仅用于圆环检测工具。

2）本项目完成轮廓定位、线定位后，可在软件界面右击"输出监控"→"重新整理工具名"或下移对所有使用的工具进行整理。

4.3.4 角度测量

设置完成两个线定位工具后，在工具列表的"测量工具"中选择"角度测量工具"，在弹出的"角度测量"对话框的"选项"选项卡中进行如图 4-10 所示参数设置。

其中，tool2 和 tool3 为上述步骤中形成的线定位工具，设置完后单击"确定"，则该测量工具会得到两条线的角度，此角度可在脚本中引用。

图 4-10 "角度测量"参数设置

4.3.5 脚本程序编写

1. 程序设计相关知识

（1）基本运算符

进行程序设计时，用运算符来表示各种运算的符号，包括算术、关系、逻辑符号，以及各种赋值运算符。基本的运算符类别见表 4-2。

表 4-2 基本的运算符类别

序号	定义	符号	说　　明
1	算术运算符	+,-,*,/,%,++,--	表达式求值时,先乘除后加减,先左后右结合运算
2	自增、自减运算	i++,i--	先使用 i 的值,再使用 i=i+1
3	关系运算符	>,<,==,>=,<=,!=	
4	逻辑运算符	!,&&,	
5	赋值运算符	=	<变量><赋值运算符><表达式>
6	逗号运算符	,	表达式 1、表达式 2、…、表达式 n,先计算表达式 1,…,最后值为表达式 n 的值

（2）for 循环语句

for 循环是基本的循环语句，在程序设计中，可实现按指定的次数完成一个任务。其基本格式为 for（表达式 1；表达式 2；表达式 3）。其中，"表达式 1"用来设置初始条件，只执行一次，可以为零个、一个或多个变量设置初值执行；"表达式 2"为循环条件表达式，用来判定是否继续循环，在每次执行循环体前先执行此表达式，决定是否继续执行循环；"表达式 3" 作为循环的调整器，使循环变量增值，它在执行完循环体后进行。for 循环的执行过程为求解 "表达式 1"→求解 "表达式 2"，若其值为真，执行循环体，然后执行下一步；若其值为假，则循环结束，执行 for 语句的下一个语句→求解 "表达式 3"→转回执行 "表达式 2"，直至循环结束，执行 for 语句的下一个语句。

2. 程序设计

编写六角螺母定位脚本程序时，首先要在显示的 "脚本" 窗口左边的 "全局变量" 列表中添加三个全局变量，分别为横坐标 x、纵坐标 y、角度 angle；随后定义变量 max 存放目标相似度，用于查找最高得分目标；使用 if 语句判断轮廓定位工具是否执行成功，若轮廓定位工具执行失败，将图片数据清零并报警，若轮廓定位工具执行成功，继续使用 if 语句判断轮廓定位目标是否大于 1 个；若轮廓定位只定位到一个目标，直接取出该目标的中心坐标和角度，若轮廓定位目标大于 1 个，把轮廓定位第一个目标的得分赋值给 max，使用冒泡排序法取出目标中得分最高的赋值给 max，取出该目标的中心坐标和角度。螺母定位程序设计流程如图 4-11 所示。

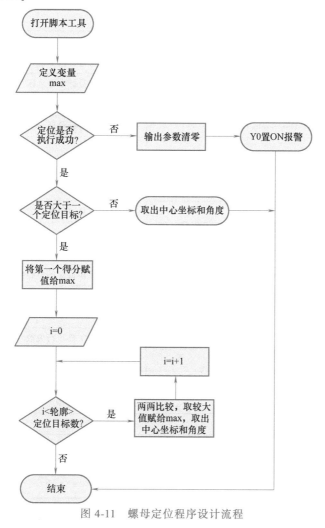

图 4-11　螺母定位程序设计流程

4

CHAPTER

轮廓定位工具学习设置完成后，在工具列表中找到"脚本"工具为程序添加脚本。在显示的"脚本"窗口左边的"全局变量"列表中添加 X（float）、Y（float）、angle（float）、jiajiao（float）四个全局变量后编写脚本，见表 4-3。

表 4-3　螺母定位脚本程序

脚 本 程 序	注　　释
添加局部变量：X（float）、Y（float）、angle（float）、jiajiao（float）、n（int）	
float max = 0.0;	定义变量存放目标相似度，用于查找最高得分目标
if(toola. Out. result = = 0)	判断轮廓定位工具是否执行成功
{	
if(tool1. Out. results. length>1)	判断轮廓定位目标是否大于 1 个
{	
max = tool1. Out. results[0]. score;	把轮廓定位第一个目标的得分值赋值给 max
for(int i = 0;i< tool1. Out. results. length;i++)	冒泡法
{ if(tool1. Out. results[i]. score>max)	随着 i 递增，判断当前目标得分是否高于 max
{ max = tool1. Out. results[i]. score;	更新最大得分值赋值给 max
tool5. X = tool1. Out. results[i]. center. x;	取出当前目标中心坐标
tool5. Y = tool1. Out. results[i]. center. y;	
tool5. angle = tool1. Out. results[i]. angle;	取出当前目标角度
}	
}	
}	
else	轮廓定位只定位到一个目标
{tool5. X = tool1. Out. results[0]. center. x;	
tool5. Y = tool1. Out. results[0]. center. y;	
tool5. angle = tool1. Out. results[0]. angle;	直接取出该目标的中心坐标和角度
}	
}	
else	轮廓定位工具执行失败
{ tool5. X = 0;	
tool5. Y = 0;	
tool5. angle = 0;	将输出参数清零
writeoutput(0,1);	Y0 置 ON,报警
}	
if (tool2. Out. result = = 0 && tool3. Out. result = = 0 && tool4. Out. result = = 0)	
{	

4
CHAPTER

（续）

脚 本 程 序	注 释
tool5. jiajiao = tool4. Out. angle;	
if (tool5. jiajiao>120-tool5. n && tool5. jiajiao<120+tool5. n)	
{ ;}	
else	
{writeoutput(2,1);}	
}	
else	
{	
writeoutput(1,1);	
tool5. jiajiao = 0;	
}	

实践小贴士

本项目涉及三个角度：一是相机坐标系的角度，由硬件架设决定；二是学习模板的角度，即学习时样品的角度；三是运行时拍摄到产品定位得到的角度。学习模板的角度和相机坐标系的零度一致，水平向右。本项目需要检测的角度指运行时相机拍摄得到的产品的角度与学习模板的角度差。

任务 4.4 Modbus 配置和显示

4.4.1 Modbus 配置

单击 X-Sight 软件菜单栏的“窗口”→“Modbus 配置”，在显示的“Modbus 配置”窗口中单击“添加”，选择相应变量 tool2. X、tool2. Y、tool2. angle，关闭窗口，如图 4-12 所示。其中，tool2. X、tool2. Y 分别表示得分最高的对象的中心坐标，tool2. angle 表示当前对象相对于水平方向向右的偏移角度。

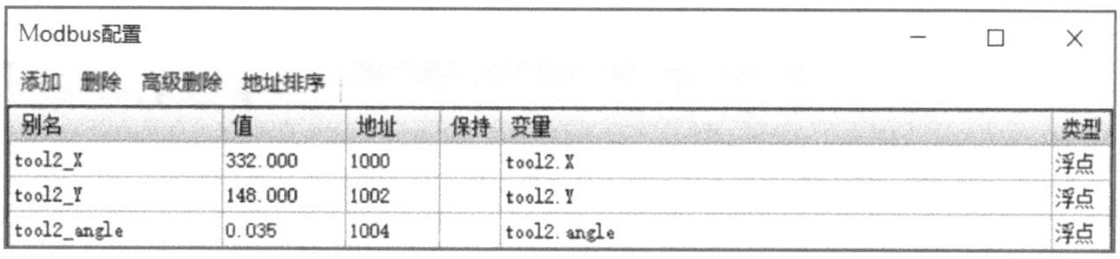

别名	值	地址	保持	变量	类型
tool2_X	332.000	1000		tool2. X	浮点
tool2_Y	148.000	1002		tool2. Y	浮点
tool2_angle	0.035	1004		tool2. angle	浮点

图 4-12 Modbus 配置

4.4.2 触摸屏显示

打开触摸屏编辑软件，单击“文件”→“新建”程序，再单击“工具”→“选项”→“用户

4 CHAPTER

模式",如图 4-13 所示,触摸屏编辑软件自动重启,状态栏中出现"视觉显示" 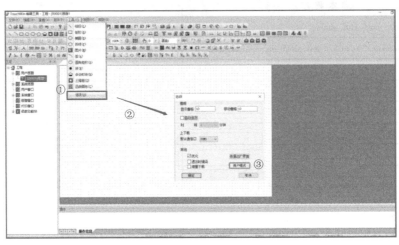 图标。

图 4-13 触摸屏编辑软件的高级显示功能设置

打开触摸屏编辑软件,单击"新建"图标 ,进行信捷触摸屏型号的选择,完成设备 IP 地址设置和视觉显示区域的设置,设置完成后如图 4-14 所示。

单击菜单栏中的"数据显示"图标 999 ,进行检测对象的坐标数据实时显示,参数设置如图 4-15 所示。选择"设备"为"相机","站点号"设置为"2","对象类型"也就是数据显示框的地址设置一定与脚本中 Modbus 配置的地址一致。按照上述方式完成螺母坐标和角度的数据显示框设定,并单击"文字串"图标 **A**,分别在对话框中输入"X""Y""螺母角度",设置完成后触摸屏界面如图 4-16 所示。

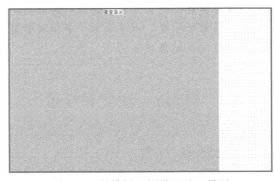

图 4-14 触摸屏"视觉显示"界面

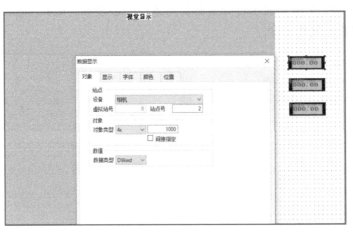

图 4-15 触摸屏"数据显示"参数设置

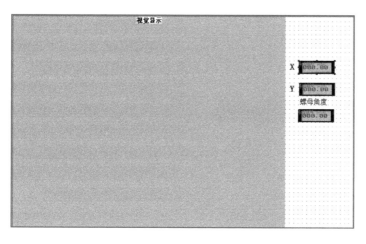

图 4-16 触摸屏显示界面

实践小贴士

1）触摸屏的 IP 网关需要和相机的网段地址一致，如 192.168.8.＊，最后一位地址不能和相机的网段地址冲突。

2）一般来说，触摸屏的启动画面比相机的启动画面快得多，可做一个相机的延时画面。

3）PSW［256］为 100 表示总共的进度，除以 20ms，表示每秒显示的进度，即每一毫秒运行几格参数。20ms 后，执行跳转到画面会跳转到画面 2。

4）设置"视觉显示"的"视觉"相关参数时，IP 地址与相机 IP 地址一致，一般按 30 万像素相机坐标来设置图像参数为控件内部显示的图像的大小，设置为"640×480"；而"位置"的大小表示控件本身的大小。

5）触摸屏显示的左上角为坐标原点，水平向右为 X 正方向；向下为 Y 正方向；而相机的坐标原点在左下方，向上为 Y 正方向，向右为 X 正方向，所以两者 X 正方向一致，Y 正方向相反。

6）若需要在触摸屏上触发相机拍照，可设置"单次拍照"功能。

7）设置"报警灯"→"对象"时，PSB 为一个点位，类似于 PLC 中的辅助继电器，PSW 和 PFW 为寄存器，PSW 为断电后不保持寄存器，PFW 为断电后保持型寄存器，断电后数据仍然保持。

8）触摸屏可实时阅读一个标志位，利用标志位来判断每次相机拍照的结果。

【康耐视视觉检测篇】

任务4.5　执行思路

基于康耐视检测软件的六角螺母角度视觉检测执行思路如图 4-17 所示。

4

CHAPTER

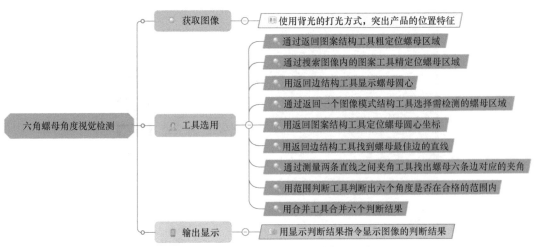

图 4-17　六角螺母角度视觉检测执行思路

任务 4.6　显示图像

打开康耐视软件，右击左边的图标 ![7LNVVLW0RTSC398]，选择"显示电子表格视图"。单击"文件"，选择"打开图像"，插入要检测的图，就可以显示该图片，如图 4-18 所示。单击图标 ▦ 可以查看图片。

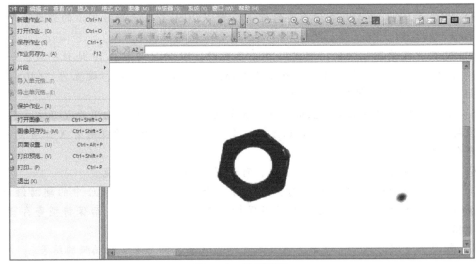

图 4-18　显示图像

任务 4.7　图像定位

1. 粗定位螺母

单击"函数"→"图像匹配"，添加"TrainPatMaxPattern"指令定位图像。"图案区域"选择与螺母大小差不多的区域，如图 4-19 所示。

图 4-19　粗定位螺母

2. 精定位螺母

单击"函数"→"视觉工具"→"图案匹配"，添加"FindPatMaxPatterns"指令进行精定位。"图案"引用粗定位的"Patterns"，"查找区域"选择图片的图标（最大区域）　。如图 4-20 所示。

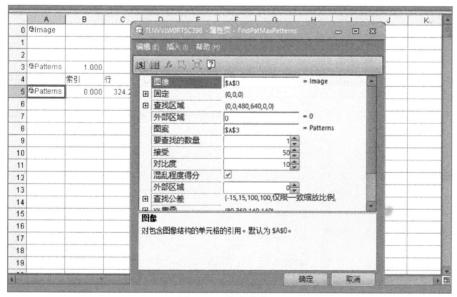

图 4-20　精定位螺母

任务4.8　定位螺母圆心

单击"函数"→"视觉工具"→"边"，添加"FindCircle"找圆心工具。"固定"引用精

4

CHAPTER

定位的"行、Col"，"圆环"选择适当的区域包含图片，"极性"选择"白到黑"，如图 4-21 所示。

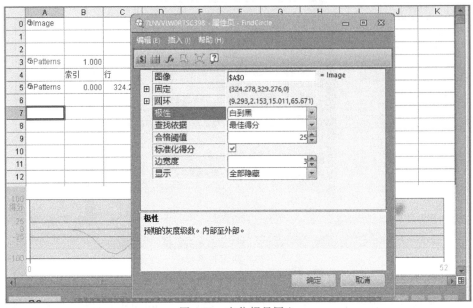

图 4-21　定位螺母圆心

任务 4.9　检测螺母的角度

1. 确定螺母轮廓

单击"函数"→"视觉工具"→"图案匹配"，添加"TrainMaxRedLine"找边工具。"固定"选择找圆工具的"CenRow、CenCol"。"图案区域"要包含图片，如图 4-22 所示。

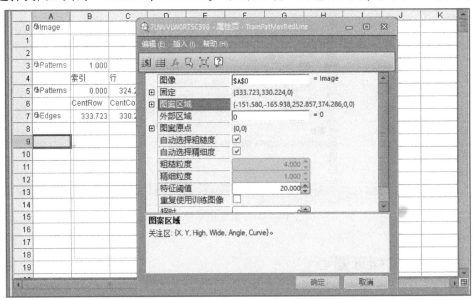

图 4-22　确定螺母轮廓

2. 定位螺母圆心坐标

单击"函数"→"视觉工具"→"图案匹配",添加"FindPatMaxRedLine"定位工具。"图案"选择轮廓定位的"Patterns","查找区域"要包含螺母,如图4-23所示。

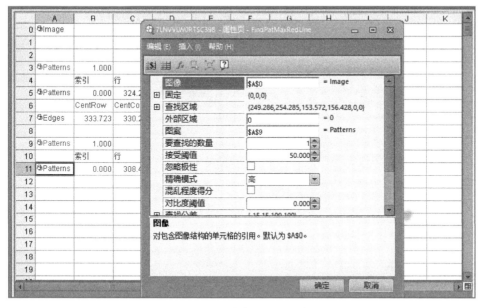

图 4-23 定位螺母圆心坐标

3. 确定螺母的六条边

单击"函数"→"视觉工具"→"图案匹配",添加"FindLine"找边工具。"固定"选择螺母圆心坐标的"行、Col、角度","区域"的箭头要与螺母的边垂直,找出螺母的六条边,如图4-24所示。

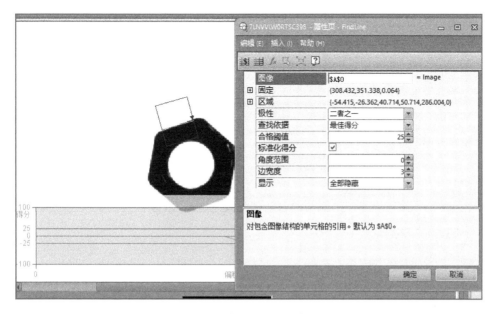

图 4-24 确定螺母的六条边

4. 检测螺母六个角的角度

单击“几何”→“视觉工具”→“测量”，添加“Line To Line”确定两条边的夹角工具。“线 0”选择第一条边的“Row0、Col0、Row1、Col1”，“线 1”选择下一条边的起点与终点，找出螺母六个角的角度，显示结果如图 4-25 所示。

	A	B	C	D	E	F	G
10		索引	行	Col	角度	缩放比例	得分
11	Patterns	0.000	308.432	351.338	0.064	100.000	99.202
12		Row0	Col0	Row1	Col1	得分	
13	Edges	281.857	332.925	292.927	294.487	-91.457	
14	Edges	306.348	377.050	280.445	345.269	-90.491	
15	Edges	362.916	377.305	322.616	384.848	-97.645	
16	Edges	387.543	332.957	372.008	370.900	-94.925	
17	Edges	355.929	284.095	385.897	312.075	-73.555	
18	Edges	307.644	286.339	347.797	278.047	-95.664	
19		Row0	Col0	Row1	Col1	角度	距离
20	Dist	278.862	343.325	278.862	343.325	-55.246	0.000
21	Dist	314.015	386.458	314.015	386.458	-61.422	0.000
22	Dist	369.923	375.994	369.923	375.994	-57.133	0.000
23	Dist	393.273	318.961	393.273	318.961	-69.230	0.000
24	Dist	349.151	277.767	349.151	277.767	-54.703	0.000
25	Dist	294.491	289.055	294.491	289.055	-62.266	0.000

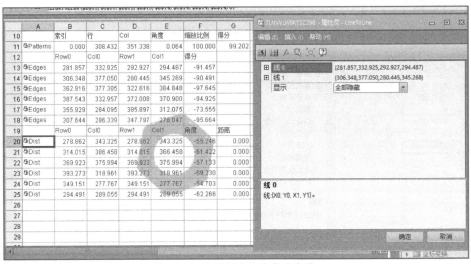

图 4-25 检测螺母六个角的角度

任务 4.10 判断螺母角度是否合格

1. 判断螺母角度

添加“InRange”指令判断范围。引用上面找到的“角度”写入合格的角度范围，进行六个角的判断。再利用“and”指令对六个判断结果进行整体判断，如图 4-26 所示。

	A	B	C	D	E	F	G
12		Row0	Col0	Row1	Col1	得分	
13	Edges	281.857	332.925	292.927	294.487	-91.457	
14	Edges	306.348	377.050	280.445	345.269	-90.491	
15	Edges	362.916	377.305	322.616	384.848	-97.645	
16	Edges	387.543	332.957	372.008	370.900	-94.925	
17	Edges	355.929	284.095	385.897	312.075	-73.555	
18	Edges	307.644	286.339	347.797	278.047	-95.664	
19		Row0	Col0	Row1	Col1	角度	距离
20	Dist	278.862	343.325	278.862	343.325	-55.246	0.000
21	Dist	314.015	386.458	314.015	386.458	-61.422	0.000
22	Dist	369.923	375.994	369.923	375.994	-57.133	0.000
23	Dist	393.273	318.961	393.273	318.961	-69.230	0.000
24	Dist	349.151	277.767	349.151	277.767	-54.703	0.000
25	Dist	294.491	289.055	294.491	289.055	-62.266	0.000
27	InRange(F20,-60,0)						

图 4-26 判断螺母角度

4 CHAPTER

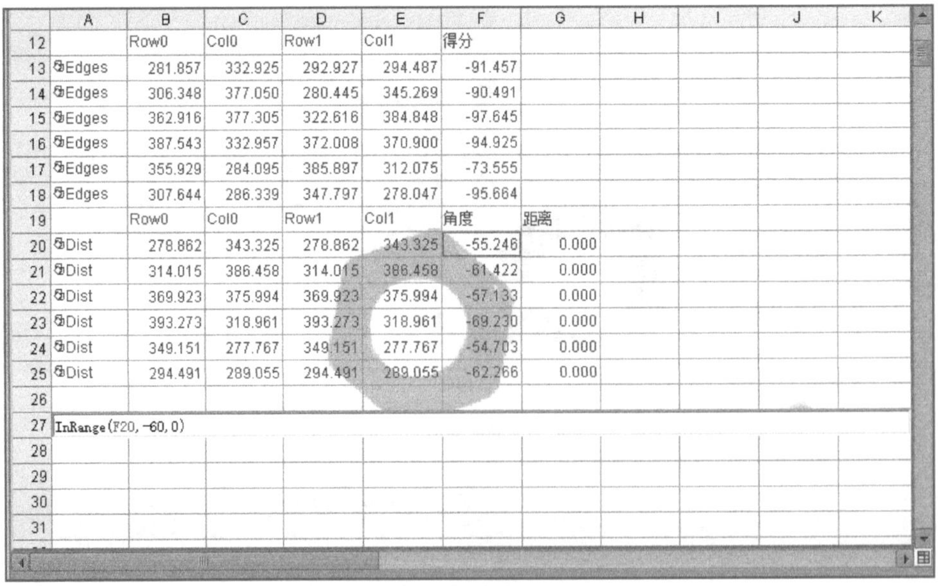

2. 显示判断结果

单击"片段"→"Display",添加"PassFailGraphic.cxd"指令显示判断结果。"0"为上面需要显示的判断结果,"Location"为显示的位置,如图 4-27 所示。

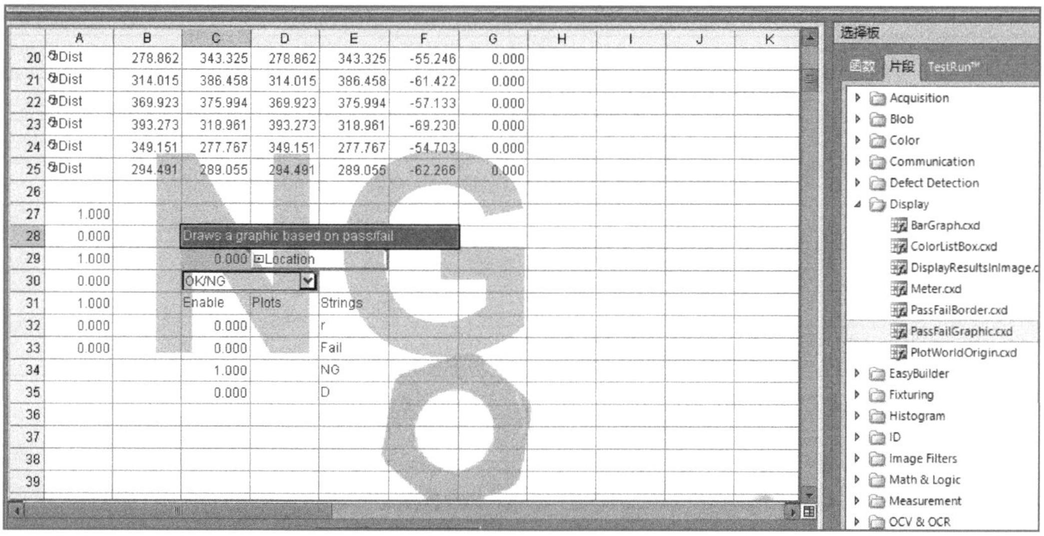

图 4-27 显示判断结果

【工程师在线】

工业现场中,如何检测六角螺母的内圆半径,显示合格品与非合格品,并将半径值在触摸屏上显示?

【知识闯关】

1. 轮廓定位工具中,工具仅搜索从(   )逆时针方向旋转到(   )范围内的相似目标。

2. 若需要检测六角螺母相邻两条边的夹角,可先使用(   ),再使用(   ),即可测量两条边的夹角。

3. "角度测量工具"的"选项"选项卡中,"选择第一个线"代表(   ),"选择第二个线"代表(   )。

4. 使用线定位工具时,"位置参照"窗口中的"继承类型"参数为什么设置为"相对静止"?

5. 脚本程序 for(表达式1;表达式2;表达式3)中,"表达式1"表示(   )。

【评价反馈】

项目评价见表 4-4,可采取自评互评相结合的评价反馈方式。

4

CHAPTER

表 4-4　项目评价表

内　容	评 价 要 点	分值	得分
硬件选型与搭建	光源、相机、镜头选型	5分	
	硬件搭建	5分	
图片装载	新建工程文件,保存文件,装载图片	2分	
定位及计数工具使用	图案定位、轮廓定位工具选用及参数设定	10分	
	线定位工具使用及参数设定	10分	
	角度测量工具使用及参数设定	10分	
脚本程序设计	X-Sight 软件建立脚本,添加全局变量,设定初始值	4分	
	for 循环使用	10分	
	取出当前螺母的中心坐标值和角度	4分	
	定位语句	10分	
	判断边线夹角是否合格	10分	
视觉结果输出与仿真	相机触发方式的触摸屏配置	10分	
	坐标及角度的触摸屏显示	10分	
总分		100	

 【延伸阅读】

工匠寄语：我可能越是困难越向前的那种人，我从来在困难面前没有畏惧过，别人说这个难干，那个难干，这个干不了，那个干不了，在我的眼里，没有干不成的活，只要去坚持，只要是努力地去做，都能完成。

个人事迹：

卢仁峰，内蒙古第一机械集团有限公司大成装备制造公司高级焊接技师。作为中国兵器工业集团首席焊工，卢仁峰的主要工作就是负责把坦克的各种装甲钢板连缀为一体，一辆坦克的车体由数百块装甲钢板焊接而成，当穿甲弹击中车体的时候，每平方厘米会产生数十吨到数百吨的高压。如果焊缝不牢，它们就会成为最容易被撕裂的开口。因此焊接质量是坦克装甲强度的重要保障，也是坦克官兵的生命保障。

对于复杂异型结构的驾驶舱的焊接，卢仁峰一直交出的是100%合格的产品。很难想象，这些颇具技术难度的焊接工作是卢仁峰用一只手完成的。1986年，在工作过程中，卢仁峰的左手被剪板机切掉，遭受了重创。虽然左手经手术接回，但是已经完全丧失功能。在这样的情况下，卢仁峰没有自暴自弃，而是迎难而上，用单手反复练习，每天下班之后焊接完50根焊条，靠给自己量身定做的手套和牙咬焊帽这些办法，恢复了焊接技术。他用了5年的坚持，突破了生理极限，恢复了自己的焊接技术，又一次成为厂里焊接技术的领军人。面对新的技术难关，他勇挑重担，经过上百次实验，攻克了新型装甲材料的焊接难题。

项目5

轴承缺珠的机器视觉检测与分拣

【学习目标】

知识目标

1）掌握相机、镜头、光源等选型及硬件搭建的方法。
2）理解圆环区域内圆周定位工具和斑点计数、圆环区域内像素统计计数工具参数的含义。
3）掌握计数工具中心随定位工具中心坐标而动的程序实现方法。
4）掌握 pointnew 函数、dotdotang 函数的含义。
5）掌握触摸屏中视觉检测数值型全局变量显示的方法。
6）理解自动视觉检测触发方式的作用。
7）掌握外部触发方式的硬件、软件实现方法。

能力目标

1）选型能力：能选择合适的相机与镜头进行硬件搭建。
2）参数调整能力：会正确调整圆环区域内圆周定位工具和斑点计数、圆环区域内像素统计计数工具的关键参数。
3）程序调试能力：能正确应用工具参数设置与脚本程序编写两种方法，实现计数统计工具中心随动。
4）脚本函数灵活运用能力：会正确使用 pointnew 函数和 dotdotang 函数，会运用试触法调整像素工具起始角度。
5）触摸屏显示视觉结果能力：能正确地在触摸屏组态中进行数值型全局变量的参数框设置，能够通过触摸屏进行白色像素判定基准值的设定。
6）触发方式设置能力：能正确选用视觉检测触发方式以实现自动视觉检测。

素养目标

1）与企业工程师全方位沟通，了解企业文化，体会企业职业行为和精神。
2）学习大国工匠案例，传承精湛技艺、精益求精的工匠精神。
3）"求精创新，不忘初心"主题演讲，树立强国梦想。

【项目导学】

情境导入

　　当前机械设备中，轴承被广泛应用。轴承产品的质量对机械设备的使用性能和使用寿命都有一定的影响。如何选择先进的轴承质量检测技术，检测轴承内外径尺寸、轴承同轴度、轴承表面质量等，以确保轴承产品出厂的合格率，是众多轴承企业关注的课题。如果轴承产品存在尺寸误差、缺珠、圆度不符合要求，都会被视为不合格产品。本项目利用机器视觉检测技术，在线检测轴承产品是否缺珠，统计出合格的轴承产品数量，分拣出缺珠的轴承产品。

可行性方案

可应用机器视觉技术，利用智能相机拍摄轴承，利用相机开发软件对抓拍到的每一帧图像进行处理，从中提取轴承珠的特征；然后将程序下载到智能相机，通过 Modbus 配置，将其存放在智能相机中的某个地址；将 PLC 与光源控制器的 A、B 相连接，设置 PLC 串口，编写通信程序。

打开 X-Sight 软件，打开"图像"中的"打开图像序列"，选择对应图片文件夹，插入待检测图像，如图 5-1 所示。

图 5-1　待检测图像

通过调节光源的背光、光圈值等获得良好的镜光量占
比，从而获得清楚的图像。本项目待检测的完整的轴承有 7 个钢珠，方案一，判断轴承黑色的斑点是否有 7 个，但实际测试时，因为轴承本身有一定的厚度，相机视野有一定的圆锥性，或者轴承本身保持架的结构变形等，会

引起粘连，导致误判；方案二，轴承不缺珠时，沿着滚珠位置向着圆中心观察，无论轴承的保持架靠近轴承的内圈还是外圈，7 个钢珠所在的位置为没有显示白色像素处，根据这一点来判断，即统计轴承内的 7 段白色像素。

执行思路

使用背光的打光方式获取图像；采用圆环内圆定位工具将工件定位；采用圆环区域内斑点计数工具统计白色斑点；用圆环段像素统计工具判断轴承是否缺珠。轴承缺珠视觉检测执行思路如图 5-2 所示。

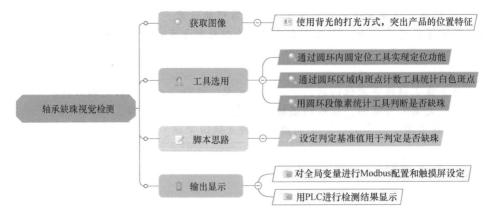

图 5-2　轴承缺珠视觉检测执行思路

任务 5.1 硬件选型与场景搭建

1. 硬件选型

根据轴承样品的实际大小，选用1280×960（约30万）像素的黑白相机，FA定焦16mm镜头，113mm×82mm白色面光源（大小可定制），信捷24V光源控制器，信捷STG系列智能终端，配备相机连接线和网络连接线以及延长接圈，构成一套完整的视觉系统。进行硬件架设时，注意调整镜头与样品的距离，确保样品在相机视野范围内的占比为1/3~2/3。

（1）相机选型

由于检测需求是判断轴承是否缺珠，对精度的要求不高，选用30万像素相机比较合适。如果认为每个像素统计区域的像素数目太少，也可以使用120万像素相机。

（2）光源选择

分析检测需求了解到，程序需要对钢珠有无进行判断，所以图像效果应该突出钢珠与其余地方的差异，以保证判断准确。如图5-3所示，用正面环光时，钢珠与保持架、钢圈等区别不明显，如图5-3a所示，所以选择面光，如图5-3b所示。

a) 环光效果   b) 面光效果

图 5-3 光源选择

（3）镜头选择

本任务需要对内外钢圈以及钢珠之间的白色部分进行斑点计数，因此产品的高度对图像效果的影响还是很大的，当产品不在视野中心时，某一侧的斑点会变小或消失。因此，选择镜头时应该使相机架设稍微高一些，具体架设高度还需要参考轴承高度的影响决定。实训使用的轴承高度不高，用16mm镜头就可以很稳定。另外，还需保证产品在视野范围内的占比。相同高度下，镜头焦距越小，视野越大。

本项目硬件选型见表5-1。

表 5-1 硬件选型

序号	名称	详细型号	数量	单位	备注
1	相机	SV4-30ML	1	台	
2	镜头	SL-FC16FM	1	个	

5

CHAPTER

（续）

序号	名称	详细型号	数量	单位	备注
3	光源	SI-FL113082W	1	个	面光
4	光源控制器	SIC-242	1	个	
5	相机连接线	SW-IO	1	根	
6	网络连接线	SW-NET	1	根	网线
7	智能终端	STG765-ET	1	个	
8	延长接圈	1mm/5mm	1	个	

2. 场景搭建

选择光源控制器、支架、30 万像素相机、面光源、16mm 镜头，其硬件连接框图如图 5-4 所示。

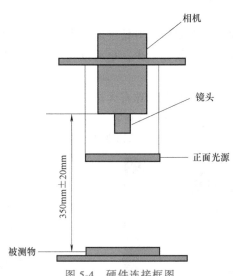

图 5-4　硬件连接框图

任务 5.2　上位机以太网卡配置

打开 X-Sight 软件，选择"开始"→"设置"→"控制面板"→"网络和 Internet"→"网络和共享中心"→"更改适配器设置"→"以太网"→"Internet 协议版本 4"，设置参数如图 5-5 所示。

将 IP 地址设置为 192.168.8.*，其中"*"表示 1~255 的数字，但其数字不能等于相机地址（192.168.8.2）与默认网关，在固件更新时仅能用 192.168.8.253，所以一般推荐用 IP 地址为 192.168.8.253。

图 5-5　Internet 协议版本 4 参数设置

任务5.3　工具应用及脚本编写

1. 圆环内圆定位

圆环内圆定位工具用来定位圆。在"图像显示"窗口中显示待定位圆所在的拟合圆（拟合圆为绿色）和该拟合圆的圆心（拟合点为红色的"+"）。选择"定位工具"→"圆定位"→"圆环内圆定位"，在软件右侧界面拖动光标形成圆形学习框，如图5-6所示；单击鼠标左键，出现定位工具参数配置对话框，单击"确定"。

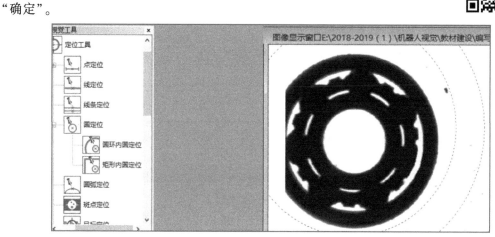

图5-6　学习框与搜索框

实践小贴士

1) 在图像显示窗口中按住鼠标左键不松开，移动光标，有一个随着光标移动大小改变的圆。

2) 在圆大小合适的位置松开鼠标左键，固定第一个圆。

3) 向圆外或圆内拖动光标，出现第二个随着光标移动大小改变的圆（两个圆为同心圆）。

4) 在圆大小合适的地方单击鼠标左键，便完成了圆环的绘制。圆测量的检测路径为圆环的半径，方向为从第一个圆的半径指向第二个圆的半径（即箭头所示的方向）。

在弹出的参数设置窗口中，各选项卡含义如下：

（1）常规

用于设置工具的名称，添加工具的描述，设置位置参照、图像参照。

（2）形状

用于修改搜索的检测区域圆的位置、大小及扫描方向。

（3）选项

"选项"参数设置如图5-7所示，各参数含义如下：

1)"阈值"。

①"亮度：无"：把选框中的图像恢复到原始图。

5

CHAPTER

② "亮度：固定值"：可设定确定的灰度值阈值，若设为 160，则灰度值低于 160 为黑像素点，灰度值高于 160 为白像素点，默认为 128。

③ "亮度：路径对比度百分比"：可设定灰度值阈值百分比。灰度值强度阈值＝（最大灰度值−最小灰度值）×灰度值阈值百分比＋最小灰度值。若灰度值阈值百分比设为 40%，且扫描区域内最小灰度值为 20，最大灰度值为 250，则灰度值低于（250−20）×40%＋20，即 112 为黑像素点，灰度值高于 112 为白像素点。灰度值阈值百分比默认为 50%。

④ "亮度：自动双峰"：根据扫描路径直方图中的双峰值自动算出灰度值强度阈值。

图 5-7 "选项"参数设置

⑤ "亮度：自适应"：采样模板大小表示判断一个像素是黑色还是白色需要与周围 $N \times N$ 个像素进行对比，其中 N 为采样模板大小设定的像素数。

阈值 0% 对应采样模板中的灰度平均值，100% 为绝对白色，−100% 为绝对黑色，如选择 0% 时，像素点只要不小于平均灰度值就为白色。

2）"定位边缘类型"单选按钮含义如下：

① "任何边缘"：在检测路径方向上寻找边界，不论是由黑像素点到白像素点还是由白像素点到黑像素点。

② "从黑到白边缘"：在检测路径方向上，仅寻找由黑像素点到白像素点的边界点。

③ "从白到黑边缘"：在检测路径方向上，仅寻找由白像素点到黑像素点的边界点。

3）"序号"：由于在扫描路径上的边界点往往不止一个，但是能标记出来的边界点却只能有一个，所以需要参照边缘来确定把第几个边界点标记出来。若设置的参照边缘为 2，即遇到的第二个边界点便为寻找到的边界点，标记为 "+"号。其默认为 1。

4）"最大噪声宽度"：用来减少噪声对点定位的影响。若最大噪声宽度为 7，则表示在扫描路径上寻找到的点应满足从边界点往检测路径方向深入 7 个像素不能出现第二条边界。其默认为 5。

5）"精细度"：即为扫描线的密度，当设为 100% 时为全部扫描，扫描速度慢；设为 50% 时比设为 100% 时扫描线稀疏了一半，有的像素点扫描不到则导致有的边界线拟合不到，但是扫描速度加快。

（4）"通过"

"通过"参数选项卡如图 5-8 所示，各参数含义如下：

1）"半径范围"：工具拟合到的圆在设定的半径范围内则结果表内的运行结果为通过。

2）"距离方差范围"：工具测到的距离方差在设定的范围内则结果表内的运行结果为通过。

图 5-8 "通过"参数设置

本项目实施时,以上参数均保持默认设置即可。

实践小贴士

1)本项目中,因为轴承有厚度,拍出来的图片圆度并不是正好,精细度太高反而定位不到。

2)用斑点计数是最基础的方法,为以防误判,所以多加了一个像素统计工具,像素统计的起始位置要根据与斑点最相似的斑点来确认。

2. 圆环内斑点计数

本项目执行时,为了给圆环段内像素统计的起始角度提供基准,需要进行斑点计数,步骤如下:

第1步:选择"计数工具"→"斑点计数"→"圆环内斑点"计数工具。

第2步:在图像显示窗口中按住鼠标左键不松开,移动光标,有一个随着光标移动大小改变的圆,在某一位置松开鼠标,然后向内侧或外侧移动光标,形成另一个圆,到某一位置后单击。两个圆形成一个圆环,此圆环即为搜索区域。其形状位置可二次修改,最终调整其位置如图5-9所示。

第3步:设置参数。打开斑点计数的参数窗口可以进行参数设置,设置方法与斑点定位相似。

(1)常规

用于设置工具的名称;添加工具的描述;设置位置参

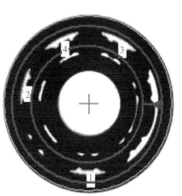

图 5-9 确定搜索区域

照、图像参照，"位置参照"参数设置选项卡如图 5-10 所示。

因为产品放置时有位置移动，为了实现斑点计数工具随着圆定位到的目标移动位置，本项目设置"继承类型"为"平移"，"继承工具"为"tool1"。其中"继承类型"列表中，"无"表示无继承类型；"平移"表示随着下方"继承工具"所定位到的目标的中心平移；"角度旋转"表示随着下方"继承工具"所定位到的目标的角度旋转；"相对静止"表示既有平移又有角度旋转；"同步旋转"多用于圆环内工具。

图 5-10 "位置参照"参数设置

（2）选项

"选项"参数设置选项卡如图 5-11 所示。"最小匹配得分"指若在搜索区域内找到的对象匹配得分大于或等于所设值，则能定位到斑点，小于所设值则定位不到斑点。此参数可以用来滤去不需要的斑点。其余参数默认即可。

（3）模型对象

打开"模型对象"，单击"重新学习"按钮，在列表中找到一个面积或周长比较适中的目标，选中后单击"设为基准"按钮，然后单击"确认"按钮关闭窗口。

（4）通过

"通过"选项卡用于设置计数目标个数的最大值和最小值，一般情况保持默认即可。

图 5-11 "选项"选项卡

实践小贴士

因为滚珠来料的随机性，需要考虑其定位和滚动。

3. 圆环段像素统计

圆定位工具中的圆环内圆定位工具可以定位图形的外轮廓。选择"计数工具"→"像素统计"→"圆环段像素统计"，在软件界面右侧画出圆形学习框，如图 5-12 所示，单击"学习"后单击"确定"，各参数含义如下：

（1）常规

因为产品放置时有位置移动，为了实现圆环段像素统计计数工具随着圆定位到的目标移动位置，本项目设置"继承类型"为"平移"，"继承工具"为"tool1"。

（2）配置

轴承缺珠检测中使用圆环段像素统计工具默认找到 6 个圆弧段。

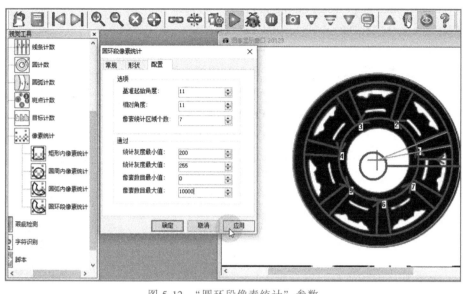

图 5-12 "圆环段像素统计"参数

1)"基准起始角度":指第一个区域的第一条起始线与水平向右直线的夹角。

2)"相对角度":指每一个检测区域的跨度。本项目设置"基准起始角度"为 11°,"相对角度"为 11°。

3)"像素统计区域个数":设置为 7。

(3)通过

1)"统计灰度最小值与最大值":本项目检测是否缺珠,即统计区域内的白色像素数目,有钢珠时白色像素数目是 0,所以设置该参数的最小值为 200,最大值为 255。

2)"像素数目最小值与最大值":若存在缺珠,则像素数目为 0,设置最小值为 0,最大值为 10000。

如图 5-13 所示,在工具执行结果中可以看到"统计范围像素数目"中的 7 个区域工具执行结果全部为 0,表示没有一个区域统计到白色像素,由此可以判断轴承不缺珠。

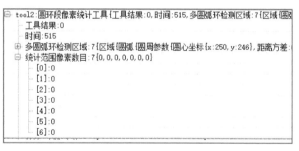

图 5-13 工具执行结果

实践小贴士

1)"配置"选项卡中,设置"基准起始角度""相对角度"两个参数时,可在界面中边观察图形现象边调整数值,一般把"基准起始角度"设置在钢珠上面。

2)"统计区域像素数目"显示 7 个区域内,不管黑白,每个区域内所有像素的数值。如果以黑色为标准,很难找到基准。"统计范围像素数目"显示 200~255 范围内白色像素的数目,因为当前不缺珠,都是黑色像素,所以当前显示都为 0。

为确保斑点计数工具和圆环段像素统计工具跟着圆环内圆定位工具(tool1)的圆心移动,可将 tool2、tool3 中的"常规"→"继承类型"改为"无",添加脚本程序如下:

5

CHAPTER

```
var c1 = dynobject_circleloop( tool2. In. region) ;
    c1. circlePoint. x = tool1. Out. circle. circlePoint. x ;
    c1. circlePoint. y = tool1. Out. circle. circlePoint. y ;
    //圆环内斑点计数工具随着圆环内圆定位工具的圆心移动//
var c2 = dynobject_circleloop( tool3. In. region) ;
    c2. circlePoint. x = tool1. Out. circle. circlePoint. x ;
    c2. circlePoint. y = tool1. Out. circle. circlePoint. y ;
    //圆环段像素统计工具随着圆环内圆定位工具的圆心移动//
```

4. 圆环段像素统计工具起始角度的确定

使用圆环段像素统计工具时，为保证每个统计区域与轴承钢珠位置重合，可先使用圆环内斑点计数工具，通过获取与模板相似度最高的斑点，计算出斑点中心与圆心所在线的角度，来确认轴承某个钢珠中心与圆心的角度（同一类产品，该斑点与钢珠的相对角度基本固定），从而确定圆环段像素统计工具的起始角度。

首先，找到和学习模板最相似的白色斑点，定义 max 变量为得分最高的斑点的得分；定义 X、Y 变量为相似度最高的斑点的中心坐标；判断圆环内圆定位工具和圆环内斑点计数工具是否执行成功，若执行成功，将 max 变量赋值为斑点计数结果中第一个目标的得分值，采用冒泡排序法，将 max 更新为最高分，并取出当前目标的中心坐标，即为得分最高的那个斑点的中心坐标；若判断工具执行失败，置位 Y1 报警，以得分最高的斑点的中心坐标新建一个点（注意：参数中两个点的顺序采用点点方向性角度），用试触法测试圆环段像素统计工具的起始角度需要在 angle 角度的基础上调整多少。其程序开发流程如图 5-14 所示。

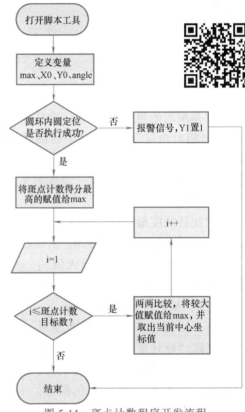

图 5-14　斑点计数程序开发流程

打开脚本程序，工具名为 tool3，新建 val1（int），X（int），Y（int），脚本程序如下：

```
float max = 0,X = 0,Y = 0,angle = 0;      //定义 max 变量为得分最高的斑
                                            点得分

if( tool1. Out. result = = 0 && tool2. Out. result = = 0   //（判断工具 1 和工具 2 是否执行
                                            成功）
                                          （如果执行成功）
    max = tool2. Out. blobSet[ 0]. score;    //将工具 2 斑点计数结果中第一个
                                            目标的得分值赋值给变量 max
```

```
for( int i = 1;i<tool2. Out. blobSet. length;i++)
{
        if( tool2. Out. blobSet[i]. score>max)
        {
            max = tool2. Out. blobSet[i]. score;            //max 更新为最高分
            X = tool2. Out. blobSet[i]. mark. centrePoint. x;  //取出当前目标的中心坐标
            Y = tool2. Out. blobSet[i]. mark. centrePoint. y;
        }                                                    //找到得分最高的白色斑点的中
                                                             //心坐标
}
tool3. X = X;
tool3. Y = Y;
var point1 = pointnew( X,Y);                      //以得分最高的斑点的中心坐标
                                                  //新建一个点
angle = dotdotang( tool1. Out. circle. circlePoint , point1);  //圆心和得分最高的斑点连线角
                                                              //度与水平向右直线的夹角
tool3. val1 =  angle;
tool4. In. startAngle = angle+20;                 //用试触法测试圆环段像素统计
                                                  //的钢珠的起始角度,工具 4 的
                                                  //起始角度需要在 angle 角度的
                                                  //基础上调整多少
}
else
    writeoutput( 0,1);
```

5. 滚珠有无的脚本程序开发

进行逻辑判断时，定义 n 变量，表示基准，像素统计到的白色像素超过 n 则判断此处缺珠，本项目定义 n 为 10；判断圆环内圆定位工具、圆环内斑点计数工具和圆环段像素统计工具是否执行成功，若执行成功，采用 for 循环语句，依次判断 7 个统计区域内是否有白色像素超过规定值 n 的区域，如果有区域白色像素超过 n，则判断此处缺珠，置位 Y1 报警，复位因前面区域合格而置位的合格信号，有 1 处缺珠，则其余地方不用再比较，异常跳出程序；若未异常跳出程序，则表示所有区域都有钢珠，置位 Y0 合格信号；若判断工具执行失败，置位 Y1 报警。程序开发流程如图 5-15 所示。

添加 n 变量,设定初始值为 10。

```
if( tool4. Out. result = = 0)
{
  for( int i = 0;i<7;i++)
  {
        if( tool4. Out. pixelNum[i]>tool6. n)  //判断 7 个统计区域内是否有白色像素超过规定
                                              //值 n 的区域
        {
            writeoutput( 1,1);                //如果有区域白色像素超过 n,则判断此处缺珠,
```

　　　　　　　　　　　　　　　　　　　置位 Y1 报警
　　writeoutput(0,0);　　　　　　//复位因前面区域合格而置位的合格信号
　　return 0;　　　　　　　　　　//有 1 处缺珠,则其余地方不再比较,异常跳出程序
　　}
　　writeoutput(0,1);　　　　　　//若未异常跳出程序,则表示所有区域都有钢珠,置
　　　　　　　　　　　　　　　　　　　位 Y0 合格信号

　}
}

else
　　writeoutput(1,1);
　　return 1;　　　　　　　　　　//程序正常结束标志

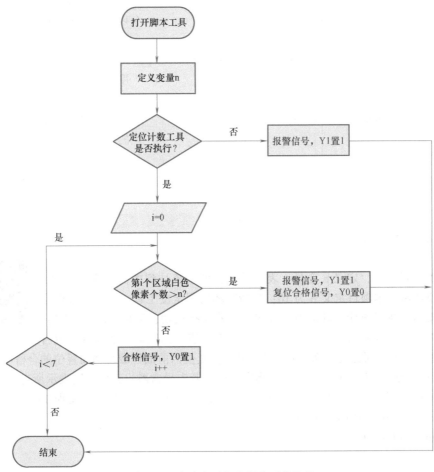

图 5-15　滚珠有无脚本程序开发流程

实践小贴士

　　本项目在实际在线检测时,缺珠位置的白色像素值为 20,若设定的 n 初始值太大,则会出现该位置缺珠却检测不出来的情况,故该值不易设置得太大。

任务 5.4　Modbus 配置和显示

在菜单栏中单击"窗口"→"Modbus 配置";在变量下的空白区域双击,在显示的下拉列表中打开 tool6 的拓展选择"n"变量,双击,依次配置别的参数,如图 5-16 所示。

添加	删除	高级删除	地址排序			
别名	值	地址	保持	变量		类型
tool2_X	0.000	1000		tool2.X		浮点
tool2_Y	0.000	1002		tool2.Y		浮点
tool2_angle	0.000	1004		tool2.angle		浮点

图 5-16　Modbus 配置

在地址栏中可以自行配置变量所在地址,但只能为 1000 之后的双数,1000 以前为系统参数,相机中所有数据类型都占双字,所以只能配置双数地址。

任务 5.5　PLC 控制分拣缺珠轴承

本项目若轴承缺珠,由 PLC 给出信号。

5.5.1　视觉相机与 S7-1200 通信

(1) 添加、设置 PLC

添加"CPU 1214C DC/DC/DC"。添加"子网",设置 IP 地址,要与相机在同一个子网中,勾选"系统和时钟存储器",如图 5-17 所示。

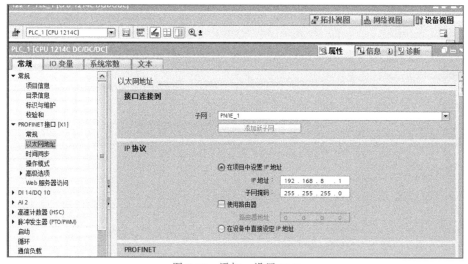

图 5-17　添加、设置 PLC

(2) 相机与 PLC 通信

在 PLC 中添加一个"DB"数据块用于接收相机数据,数据类型为"DWORD",去掉"属性"中的"优化访问块"。再添加与相机通信的功能块"MB-CLIENT",填入相机的 IP 地址,端口号默认为"502",修改系统块中"MB_CLIENT_DB"的"MB_UNIT_ID"与

"CONNECT-ID"相同,"MB-DATA-PTR"为接收相机数据的块,如图 5-18 所示。

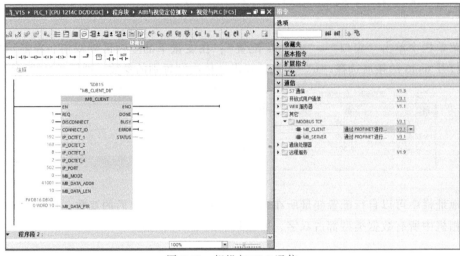

图 5-18 相机与 PLC 通信

(3)处理相机数据

添加一个"DB"数据块,用于存放处理完的数据。再添加一个"FC"函数块,用于转换视觉数据,去掉"属性"中的"优化访问块"。将 PLC 接收到的视觉乱码数据转换成 int 类型,如图 5-19 所示。

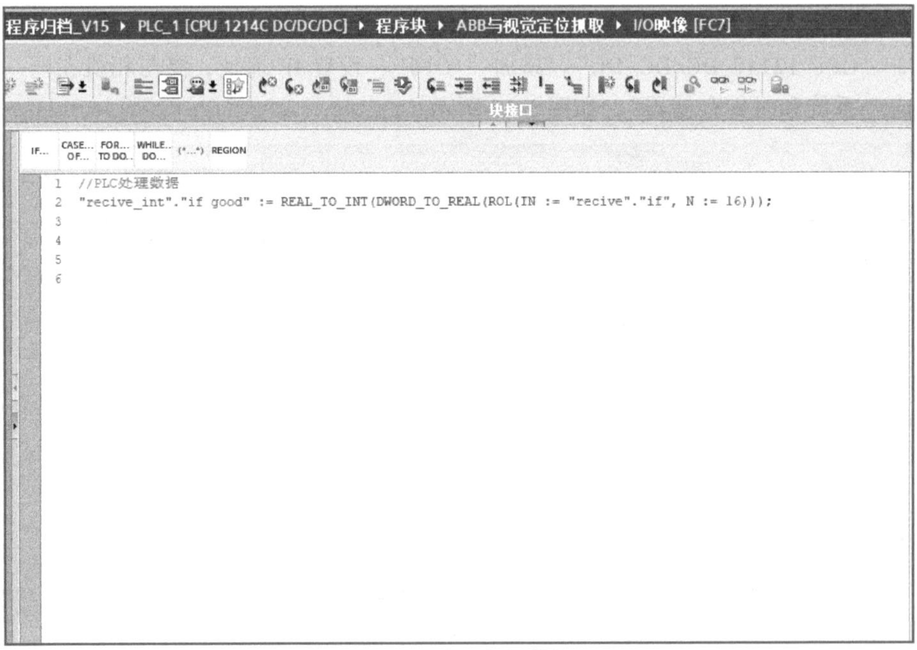

```
1  //PLC处理数据
2  "recive_int"."if good" := REAL_TO_INT(DWORD_TO_REAL(ROL(IN := "recive"."if", N := 16)));
3
4
5
6
```

图 5-19 处理相机数据

5.5.2 PLC 实现分拣

S7-1200 PLC 控制器本身具有较高的可靠性、稳定性、可移植性,能够适应复杂的工作环境,且编程相对简单,因此在工业自动化行业中得到了广泛应用。本项目基于 S7-1200

PLC 控制器，与视觉检测系统进行数据交互。

1. 缺珠轴承的 PLC 输入输出地址分配

根据本项目的电气原理图进行变量表的编写，如图 5-20 所示。

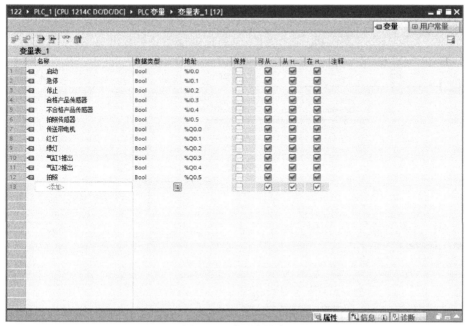

图 5-20　编写变量表

2. PLC 输入输出接线图

PLC 输入输出接线图如图 5-21 所示。

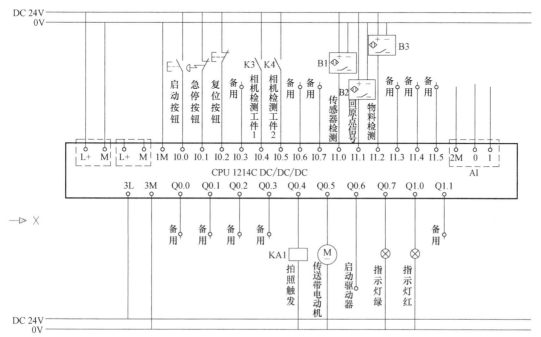

图 5-21　PLC 输入输出接线图

5

CHAPTER

3. 轴承缺珠的 PLC 分拣程序

（1）启动视觉拍照

按下启动按钮，传送带到达拍照区域，拍照传感器检测到轴承到位，停下传送带 2s 后进行拍照，传送带等待 3s 启动，如图 5-22 所示。

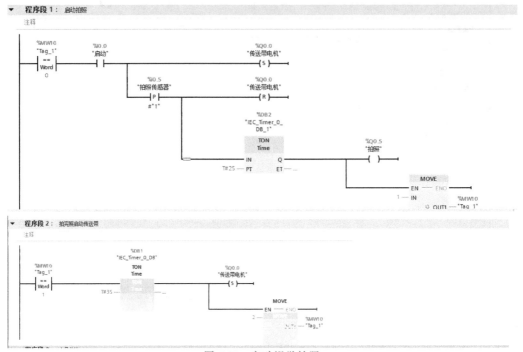

图 5-22　启动视觉拍照

（2）产品分拣

视觉相机发送"合格"与"不合格"数据给 PLC，PLC 接收数据并处理后，"合格产品传感器"检测到"合格"产品时，气缸 1 推出；"不合格产品传感器"检测到"不合格"产品时，气缸 2 推出，实现分拣，如图 5-23 所示。

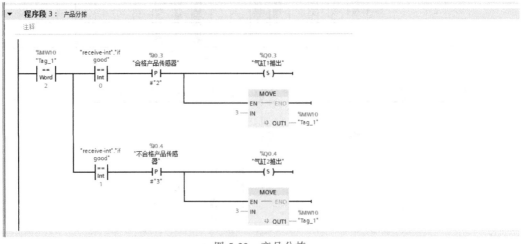

图 5-23　产品分拣

（3）设备复位

进行一次分拣后，设备复位等待下一次分拣，所以气缸缩回，传送带停止，如图 5-24 所示。

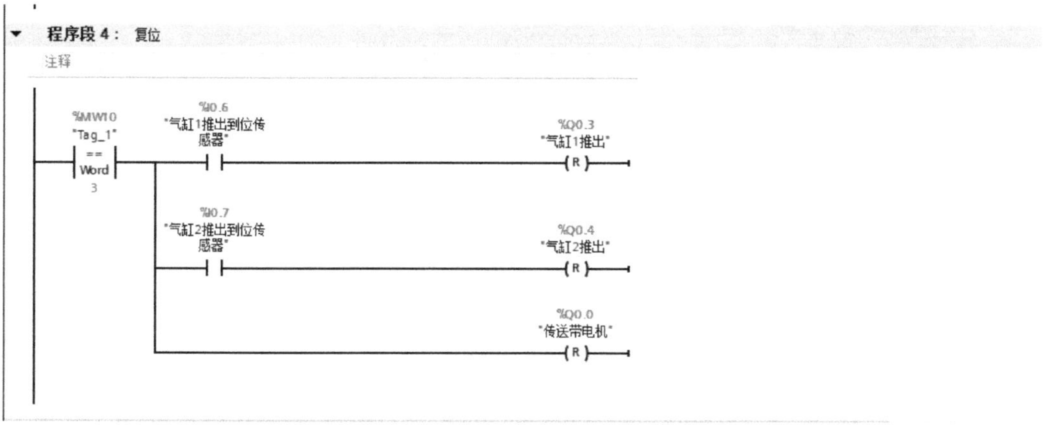

图 5-24　设备复位

【康耐视视觉检测篇】

基于康耐视检测软件的轴承缺珠视觉检测执行思路如图 5-25 所示。

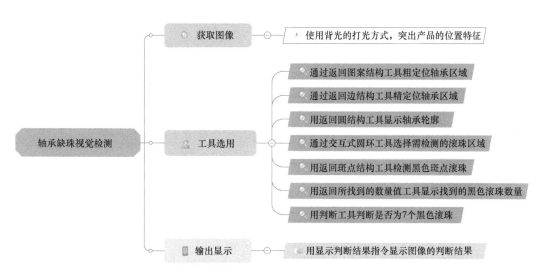

图 5-25　轴承缺珠视觉检测执行思路

任务 5.6　显示图像

打开康耐视软件，右击左边的图标 7LNVVLW0RTSC398，选择"显示电子表格视图"，如图 5-26 所示。单击"文件"，选择"打开图像"，插入要检测的图，就可以显示该图片。单击图标可以查看图片。

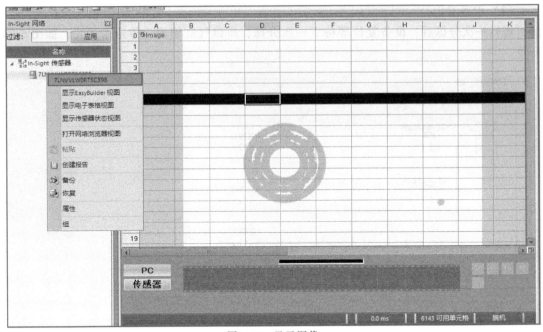

图 5-26　显示图像

任务 5.7　添加检测工具

插入图片后，在表格中双击，单击图标 🎨 ▾ 将表格填充色改为黑色，单击图标 A ▾ 将字体颜色改为黄色（自行设置，非固定）然后写入"斑点检测"并居中，如图 5-27 所示。

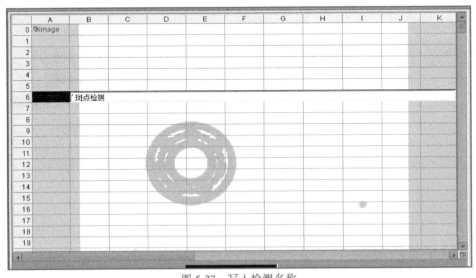

图 5-27　写入检测名称

1. 定位图片位置

选择"函数"→"图案匹配"→"FindPatterns"（定位工具），添加到表格中。添加完成后，双击"模型区域"，选择需要定位的区域，如图 5-28 所示。

图 5-28 添加 "FindPatterns" 指令

2. 找圆环位置

添加 "FindCircle" 找边工具，选择 "固定"，然后单击图标 ，选择 "行" "Col"，再双击 "圆环"，选择要找边的区域，选择的区域一定要包含图片，如图 5-29 所示。

图 5-29 添加 "FindCircle" 指令

任务5.8 显示圆区域

添加 "PlotCircle"（显示圆区域）指令，选择 "圆"，然后单击图标 ，选择 "CentRow"（圆心）、"CentCol"（半径），如图 5-30 所示。选择好后，更改 "Plot" 的 "格式"→ "设置单元格"，更改 "行宽" 为 "3"。

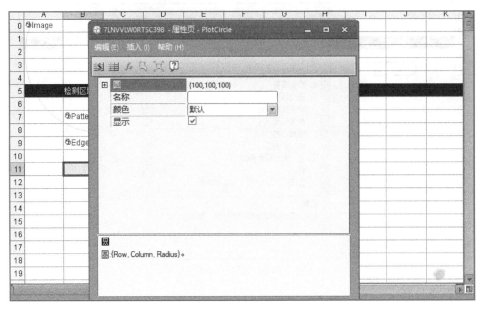

图 5-30　添加 "PlotCircle" 指令

任务 5.9　找黑色斑点

1. 固定外部区域

添加一个 "EditAnnulus"（外部区域）指令，更改名称为 "圆环外部区域"，然后双击 "固定"，选择 "圆环外部区域"，如图 5-31、图 5-32 所示。

图 5-31　添加 "EditAnnulus" 指令

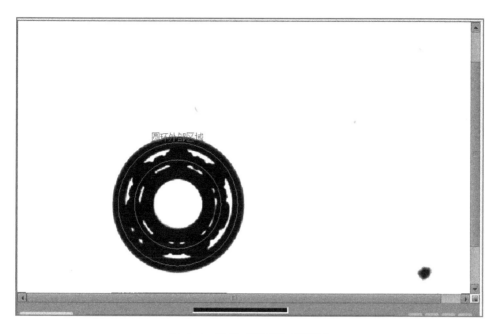

图 5-32　选择"圆环外部区域"

2. 找黑色斑点

选择"圆环外部区域"后，添加"ExtractBlobs"（斑点工具）指令，双击"外部区域"，选择上面的"圆环外部区域"并双击，更改"要排序的数量"为"6"，取消勾选"边界斑点"，设置"颜色：斑点"为"白"，"颜色：背景"为"黑"。观察这六个数的区域值，将"阈值"改成小于最大区域的值，如图5-33所示。

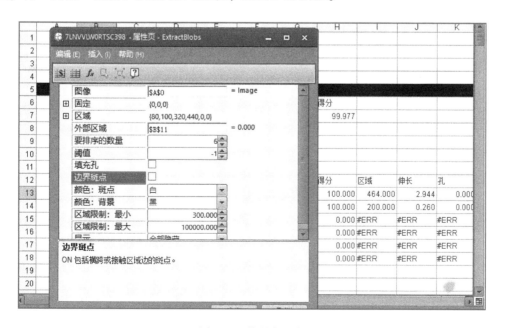

图 5-33　找黑色斑点

3. 显示找到的黑色斑点

添加"GetNFound"指令（检测找到多少斑点），单击"Blobs"，如图 5-34 所示。

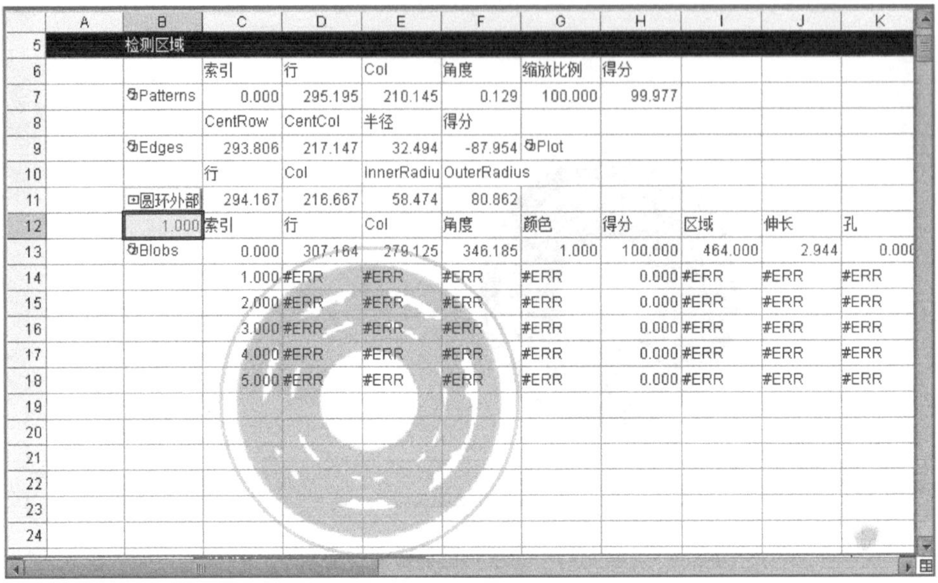

	A	B	C	D	E	F	G	H	I	J	K
5		检测区域									
6			索引	行	Col	角度	缩放比例	得分			
7		⑥Patterns	0.000	295.195	210.145	0.129	100.000	99.977			
8			CentRow	CentCol	半径	得分					
9		⑥Edges	293.806	217.147	32.494	-87.954	⑥Plot				
10			行	Col	InnerRadius	OuterRadius					
11		回圆环外部	294.167	216.667	58.474	80.862					
12		1.000	索引	行	Col	角度	颜色	得分	区域	伸长	孔
13		⑥Blobs	0.000	307.164	279.125	346.185	1.000	100.000	464.000	2.944	0.000
14			1.000	#ERR	#ERR	#ERR	#ERR	0.000	#ERR	#ERR	#ERR
15			2.000	#ERR	#ERR	#ERR	#ERR	0.000	#ERR	#ERR	#ERR
16			3.000	#ERR	#ERR	#ERR	#ERR	0.000	#ERR	#ERR	#ERR
17			4.000	#ERR	#ERR	#ERR	#ERR	0.000	#ERR	#ERR	#ERR
18			5.000	#ERR	#ERR	#ERR	#ERR	0.000	#ERR	#ERR	#ERR
19											
20											
21											
22											
23											
24											

图 5-34　显示找到的黑色斑点

4. 显示判断结果

添加"ErrFree"指令（判断工具），单击"1.000"并引用它，然后将它更改为"Not（ErrFree"（Not（ErrFree 表示当不是这个结果时为"0"），如图 5-35 所示。

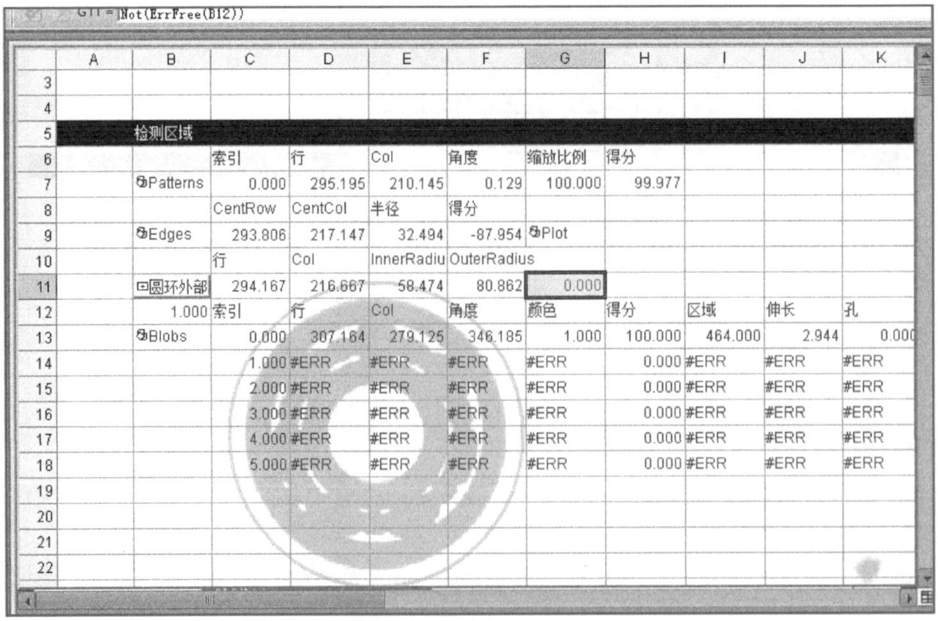

G11 =|Not(ErrFree(B12))

	A	B	C	D	E	F	G	H	I	J	K
3											
4											
5		检测区域									
6			索引	行	Col	角度	缩放比例	得分			
7		⑥Patterns	0.000	295.195	210.145	0.129	100.000	99.977			
8			CentRow	CentCol	半径	得分					
9		⑥Edges	293.806	217.147	32.494	-87.954	⑥Plot				
10			行	Col	InnerRadiu	OuterRadius					
11		回圆环外部	294.167	216.667	58.474	80.862	0.000				
12		1.000	索引	行	Col	角度	颜色	得分	区域	伸长	孔
13		⑥Blobs	0.000	307.164	279.125	346.185	1.000	100.000	464.000	2.944	0.000
14			1.000	#ERR	#ERR	#ERR	#ERR	0.000	#ERR	#ERR	#ERR
15			2.000	#ERR	#ERR	#ERR	#ERR	0.000	#ERR	#ERR	#ERR
16			3.000	#ERR	#ERR	#ERR	#ERR	0.000	#ERR	#ERR	#ERR
17			4.000	#ERR	#ERR	#ERR	#ERR	0.000	#ERR	#ERR	#ERR
18			5.000	#ERR	#ERR	#ERR	#ERR	0.000	#ERR	#ERR	#ERR
19											
20											
21											
22											

图 5-35　显示判断结果

任务 5.10 显示判断结果

单击"片段"→"Display"→"PassFailGraphic.cxd"指令（显示界面），双击"CenCol"选择"0.000"，双击"Location"可以选择"OK/NG"，…，在图片上显示的位置双击"Check"，可以选择显示判断的方式，如√、×、OK、NG，…，如图 5-36 所示。

	A	B	C	D	E	F	G	H	I	J	K
10			行	Col	InnerRadiu	OuterRadius					
11		圆环外部	294.167	216.667	58.474	80.862	0.000				
12		1.000	索引	行	Col	角度	颜色	得分	区域	伸长	孔
13		Blobs	0.000	307.164	279.125	346.185	1.000	100.000	464.000	2.944	0.000
14			1.000	#ERR	#ERR	#ERR		0.000	#ERR	#ERR	#ERR
15			2.000	#ERR	#ERR	#ERR		0.000	#ERR	#ERR	#ERR
16			3.000	#ERR	#ERR	#ERR		0.000	#ERR	#ERR	#ERR
17			4.000	#ERR	#ERR	#ERR		0.000	#ERR	#ERR	#ERR
18			5.000	#ERR	#ERR	#ERR		0.000	#ERR	#ERR	#ERR
19											
20	Draws a graphic based on pass/fail										
21	CentCol	Location									
22	Check										
23	Enable	Plots	Strings								
24	1.000		#ERR								
25	0.000		#ERR								
26	0.000		#ERR								
27	0.000		#ERR								
28											
29											

图 5-36 添加"PassFailGraphic.cxd"指令

【工程师在线】

实际生产过程中，滚珠轴承不仅仅会有缺珠，也会有保持架缺失的瑕疵。为此，应考虑在检测是否缺珠之前先检测保持架是否缺失。如果保持架缺失，可直接认定为残次品；如果保持架不缺失，再进行缺珠的检测，工程中如何解决此问题？

【知识闯关】

1. 机器视觉检测滚珠轴承是否缺珠，可用（   ）工具来定位圆。

2. 进行圆定位工具中参数设定时，"从白到黑边缘"表示在检测路径方向上，仅寻找由（   ）像素点到（   ）像素点的边界点。

3. 考虑到产品来料时有位置移动，为了实现斑点计数工具随着圆定位到的目标移动位置，可设置"继承类型"为（   ），"继承工具"为（   ）。

4. 圆环段像素统计工具中，基准起始角度是指（   ）。

5. 新建点的函数为（   ）。

【评价反馈】

项目评价见表 5-2，可采取自评互评相结合的评价反馈方式。

5

CHAPTER

表 5-2　项目评价表

内　容	评 价 要 点	分值	得分
图片装载	新建工程文件,保存文件,按照要求命名工程文件	5分	
	运行 X-Sight 软件装载检测图片	5分	
定位及计数工具使用	定位工具选用及参数设定	10分	
	斑点计数工具使用及参数设定	10分	
	圆环段像素统计工具使用及参数设定	10分	
脚本程序设计	使用 X-Sight 软件建立脚本,添加全局变量,设定初始值	4分	
	计数工具中心随动脚本程序设计	6分	
	像素统计工具起始角度确定脚本程序设计	10分	
	轴承是否缺珠脚本程序设计	10分	
视觉结果输出	视觉外部触发方式的设置	5分	
	缺珠白色像素基准值 Modbus 配置与触摸屏设置	5分	
软件与硬件联调	硬件连接与软件参数的设置	10分	
	现场软件、硬件联调	10分	
总分		100	

【延伸阅读】

工匠寄语:宣纸是世界上独一无二的,没有人能替代它,也没有任何机械制造的纸能替代手工宣纸,我们对宣纸真的是有感情,我自己真的有一种自豪感。

个人事迹:

毛胜利,中国宣纸股份有限公司的宣纸晒纸工人,在宣纸传统制作工艺中最苦最累的晒纸岗位上一干就是30年。

晒纸车间常年与"火"打交道,温度高,强度大,但毛胜利从不叫苦喊累,始终坚守岗位。多年来,毛胜利秉持踏实肯干、爱岗敬业的工作作风,完成工作任务达180%,产品优良率高达 95% 以上。毛胜利在坚守传统技艺的同时,还勇于创新,晒制"三丈三"巨宣时,毛胜利担当了"头刷"定位重任,他手法稳、准、快、实、一气呵成,湿润柔软的大纸,在焙面上平平整整,没有一个气泡,不出一条褶皱,不留一道刷痕,更没有一点撕裂,为巨宣的晒制成功奠定了基础。

5

CHAPTER

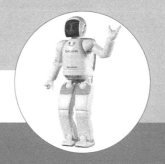

项目6

电子芯片缺脚视觉检测与输出显示

【学习目标】

知识目标

1) 掌握硬件选型方法及硬件搭建方法。
2) 理解轮廓定位、矩形内线计数、矩形像素统计等工具的参数含义。
3) 掌握数组、自加等编程方法。
4) 掌握计数工具统计区域的触摸屏显示方法。

能力目标

1) 硬件选型与搭建能力：会正确选择光源、相机、镜头并连接视觉系统硬件。
2) 定位工具和计数工具选用能力：会使用二值化工具、轮廓定位、线计数及矩形像素统计工具。
3) 程序设计与调试能力：会熟练编写芯片定位和缺脚程序。
4) 视觉检测结果输出与显示能力：会将像素统计区域的执行结果在触摸屏上进行显示。

素养目标

1) 企业走访，了解产品检测需求，体会职业行为。
2) 一分钟演讲，分享大国工匠案例，体会工匠精神，强化爱国梦想。
3) 小组协作探究，养成分析问题、解决问题的能力。

【项目导学】

情境导入

目前工业生产中，电子芯片已经占据了绝大部分的数码产品市场，芯片的制造、装配、检测工艺也日趋成熟。但在现今的自动化设备生产中，芯片引脚等由人工检测，效率低、误检率高。根据芯片引脚检测的需要，在厂家将 IC 芯片封装之前，需要对芯片的引脚进行检测，主要检测芯片引脚的偏移、引脚的缺失及芯片引脚的不共面等。本项目研究集定位、角度检测、引脚缺失判断等功能于一体，可实现对电子芯片后道工序的引导以及对芯片本身质量进行检测的目的。

可行性方案

打开 X-Sight 软件，打开"图像"中的"打开图像序列"，选择对应图片文件夹，插入待检测图片，如图 6-1 所示。

既能定位到目标中心坐标又能定位到角度的定位工具有图案定位和轮廓定位。图案定位学习后显示不够直观，无法判定学习模板的好坏；轮廓定位更加精准，但处理时间相对较长。在确定矩形框后，轮廓定位可同时定位到多个

图 6-1　待检测图片

不同目标，而图案定位会从定位到的目标中选出得分最高的一个。本项目使用轮廓定位。

在检测芯片引脚是否缺失时，如果只检测引脚数量是否正确，而不需要知道第几个引脚缺失，可以选择像素统计工具，统计当前电子芯片边上的白色区域面积，或选择一个斑点计数工具，计算电子芯片周围是否存在 8 个引脚的白色斑点，但斑点计数工具对于电子芯片引脚质量要求较高，否则引脚可能并不是一个完整的白色斑点。如果不仅要检测引脚数量，还要检测当前第几个引脚缺失，则需要选择 8 个像素统计工具，每个像素统计工具对应 1 个引脚。

执行思路

首先，使用 90°环光打光，获取图像；通过一个轮廓定位，找到芯片当前所在的位置，并通过轮廓定位结果中的角度信息确定当前芯片的偏移角度；使用 8 个像素统计工具，判断芯片引脚上的白色像素是否大于合格图像所统计到的范围像素数目。其执行思路如图 6-2 所示。

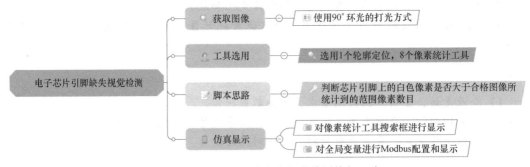

图 6-2　电子芯片引脚缺失视觉检测执行思路

⚙【X-Sight 视觉检测篇】

任务 6.1　硬件选型与场景搭建

1. 硬件选型

根据电子芯片样品的实际大小，选用 2560×1920 （约 500 万）像素的黑白相机，FA 定

焦 50mm 镜头，直径 120mm 的白色 90°环光光源（大小可定制），信捷 24V 光源控制器，信捷 STG 系列智能终端，配备相机连接线和网络连接线以及延长接圈，构成一套完整的视觉检测系统。进行硬件架设时，注意调整镜头与样品的距离，确保样品在相机视野范围内的占比为 1/3 ~ 2/3。

（1）相机选型

由于电子芯片尺寸较小，在电子芯片上面的字就更小，为了看清楚芯片上的字，需要选用更高分辨率的相机，因此选择 500 万像素相机。但由于该像素的相机图片过大，可能导致后续轮廓定位时生成的模板过大，因此在后续轮廓定位时，注意不要学习太过于复杂的轮廓。

（2）光源选择

轮廓定位工具是依赖于样品边缘轮廓的相似度进行匹配定位的，因此保证每次拍摄的图像轮廓清晰稳定尤为重要，而所有打光方式中，90°环光打光方式获得字体轮廓的清晰稳定程度最好，所以选择 90°环光光源（注意：由于环光中心点亮度最高，因此在每次拍摄时，应尽量保证样品中心与光源中心点重合，以免产品表面打光不均匀导致图片效果不理想）。

（3）镜头选择

由于电子芯片尺寸较小，为了能拍清楚芯片上的字，需要在成像时将芯片放大，因此需要选择大焦距的镜头，考虑到相机跟芯片之间的距离不能太短，故采用 50mm 焦距的镜头。

本项目硬件选型见表 6-1。

2. 硬件搭建

选择光源控制器、支架、500 万像素相机、面光源、50mm 镜头，用交叉网线连接相机与计算机；用 SV4-IO 串口线连接相机与光源控制器，其硬件连接框图如图 6-3 所示。

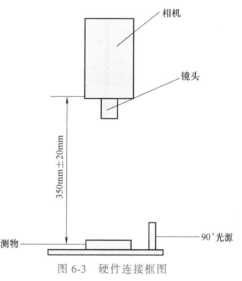

图 6-3　硬件连接框图

表 6-1　硬件选型

编号	名称	型号	数量	单位	备注
1	相机	SV4-500M	1	台	
2	镜头	SL-CF50-C	1	个	
3	光源	SI-FD120A90-W	1	个	
4	光源控制器	SIC-242	1	个	
5	相机连接线	SV4-IO	1	根	
6	网络连接线	SV4-NET	1	根	
7	智能终端	STG765-ET	1	个	
8	延长接圈	1mm/5mm	1	个	

CHAPTER 6

任务 6.2　上位机以太网卡配置

打开 X-Sight 软件，选择"开始"→"设置"→"控制面板"→"网络和 Internet"→"网络和共享中心"→"更改适配器设置"→"以太网"→"Internet 协议版本 4"，设置参数如图 6-4 所示。IP 地址设置为 192.168.8.253。

单击状态栏中的图标 ▱ 连接相机，显示"相机连接"对话框，单击"搜索"，最后单击"确定"，搜索完后单击"确定"，再单击图标 ◉ 显示图像。

图 6-4　Internet 协议版本 4 参数设置

任务 6.3　工具应用及脚本编写

1. 二值化

二值化工具用于将检测区域内图像上的像素点的灰度值设置为 0 或 255，使整个图像呈现出明显的黑白效果，若像素点的灰度值高于设定值则被设置为白色 255，反之为黑色 0。本项目图片所需的特征与周围背景像素差距不明显，可先使用二值化工具。

在 X-Sight 软件窗口中单击"预处理工具"→"二值化"，弹出的参数设置窗口中，分为以下选项卡：

（1）常规

用于设置工具的名称；添加工具的描述；设置位置参照、图像参照。

（2）形状

用来改变二值化工具矩形的大小和位置。二值化工具的形状为矩形，可以通过更改检测区域左下角和右上角的位置来设定检测区域的大小，并显示检测区域的长和宽。

（3）选项

"选项"参数设置如图 6-5 所示，各参数含义如下：

1）"分块处理任务"："无操作"表示把选框中的图像恢复到原始图；"二值化"表示启用二值化效果。

2）"二值化选项"：

①"无"：把选框中的图像恢复到原始图。

②"固定值"：以设定的阈值为界，小于阈值为黑色，灰度值为 0，大于等于阈值为白色，灰度值为 255。

图 6-5 "选项"选项卡

③"路径对比度"：可设定二值化灰度值阈值百分比，且灰度值强度阈值＝（最大灰度值-最小灰度值）×灰度值阈值百分比+最小灰度值。若灰度值阈值百分比设为 40%，且扫描区域内最小灰度值为 20，最大灰度值为 250，则灰度值低于（250-20）×40%+20，即 112 为黑像素点，灰度值高于 112 为白像素点。默认灰度值阈值百分比为 50%。

④"自适应"：采样模板大小表示判断一个像素是黑色还是白色需要与周围 N×N 个像素进行对比，其中 N 为采样模板大小设定的像素数。

⑤"自动双峰"：图像由前景和背景组成，在灰度直方图上，前后两景都形成高峰，双峰之间的最低谷处就是图像的阈值，在针对一些背景与样品差距明显的地方，可以使用自动双峰来进行二值化。

阈值 0% 对应采样模板中的平均灰度值，100% 为最大灰度值（绝对白），-100% 为最小灰度值（绝对黑）。例如，一张灰度图最大灰度值为 250，最小灰度值为 50，平均灰度值为 120，当阈值设为 10% 时对应的实际阈值为 120+[（250-50）/200]×10＝130；当阈值设为 -10% 时对应的实际阈值为 120-[（250-50）/200]×10＝110。

3）"阈值亮度"：通过指定某个色阶作为阈值后将灰度或彩色图像转换为高对比度的黑白图像，所有灰度值比阈值大的像素转换为白色；而所有比阈值小的像素转换为黑色。

实践小贴士

1）在图像显示窗口中，按住鼠标左键不松开，拖动光标，呈现一个变化的矩形框。松开鼠标左键，呈现的绿色矩形框便为工具作用区域（检测区域）。

2）二值化指以某个设定值为基准，高于该设定值的为白色，低于该设定值的为黑色。

3）由于二值化工具需要对区域内每个像素做比较并设置灰度值，速度较慢，所以只在需要的区域进行二值化即可。

6

CHAPTER

2. 轮廓定位

通过轮廓定位工具可以定位图形的轮廓，它通过拟合特征部分的轮廓并与事先学习的模板进行对比，显示其相似度，若相似度大于设定阈值，则认为该特征为模板的一个目标。

打开 X-Sight 软件，单击"定位工具"→"轮廓定位"，显示"选项"选项卡，如图 6-6 所示。

（1）常规

用于设置工具的位置参照。

（2）形状

用于修改搜索框位置大小。

（3）选项

"选项"中各参数含义如下：

1）"学习区域"：修改学习框位置的大小。

2）"采样系数"：算法采样的系数，值越大精度越高，但所占内存越大，速度越慢，默认值为 4（默认即可）。

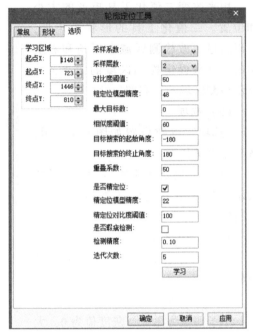

图 6-6 "选项"参数设置

3）"采样层数"：将附近 N×N 个像素中心提高虚拟成金字塔形状，算法将抽取其中某层的像素进行匹配（默认即可）。

4）"对比度阈值"：根据图形的模糊程度进行设置，图形越模糊则取值越小（一般默认即可）。

5）"粗定位模型精度"：学习模板时采样特征点的个数，即图像模板周围绿色空心点的个数，数值越大精度越高，速度越慢（默认即可）。

6）"最大目标数"：设置搜索目标的个数（暂时未开放，不用设置）。

7）"相似度阈值"：类似于匹配得分，得分大于或等于设置值时则能定位到图形，小于设置值则定位不到图形。

8）"目标搜索的起始、终止角度"：工具仅搜索从起始角度逆时针方向旋转到终止角度范围内的相似目标。

9）"重叠系数"：如果两个图形有重叠，就可以设置重叠系数，当重叠系数大于等于设置值时，将会把得分低的图形滤除，保留得分高的图形（默认即可）。

10）"是否精定位"：选择精定位后可以精确地定位图形。

11）"精定位模型精度"：根据不同精度要求设置大小（默认即可）。

12）"精定位对比度阈值"：根据图形的模糊程度进行设置，图形越模糊则取值越小。

13）"是否瑕疵检测"：对图形中的瑕疵进行检测。

14）"检测精度"：取值范围 0~1（默认即可）。

本项目为修改"常规"→"图像参照"为"tool1"，使用二值化工具处理图像。通过设置"精定位对比度阈值"可过滤到灰度值较小的噪点，且值越大，越易过滤到灰度值较小的噪点。然后调整"精定位模型精度",当所需定位的字符较少时,可降低该参数值。

实践小贴士

在"图像显示"窗口中按住鼠标左键不松开,移动光标,有一个随着光标移动大小改变的矩形;将所要学习的模板全部覆盖后松开鼠标左键,可固定矩形。若不合适可以再做修改,以使学习框中无可造成干扰的轮廓。

---

3. 矩形内线计数

矩形内线计数工具用于对检测路径内线的计数,检测路径为矩形。

打开 X-Sight 软件,单击"计数工具"→"线计数"→"矩形内线计数",在图像显示窗口中按住鼠标左键不松开,移动光标,有一条随着光标移动长短变化的带箭头的线,该线的方向应当与预期计数的目标线的方向一致。松开鼠标确定线的方向之后,移动光标,得到一个矩形区域,此时光标移动的方向是工具检测线的方向,覆盖待检测区域后单击鼠标确认。如图 6-7 所示,绿色为二值化框,蓝色箭头为目标线的方向。相关参数含义如下:

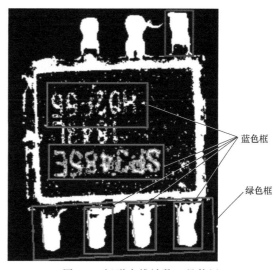

蓝色框

绿色框

图 6-7　矩形内线计数工具使用

(1)常规
用于设置工具的名称。

(2)形状
用来修改搜索区域的位置和大小。

(3)选项
"选项"参数设置如图 6-8 所示。各参数含义如下:

1)"阈值"。

①"亮度:无":把选框中的图像恢复到原始图。

②"亮度:固定值":可设定确定的灰度值阈值。若设为 160,则灰度值低于 160 为黑像素点,灰度值高于 160 为白像素点。默认为 128。针对图像整体较均匀的情况,用于整体调整。

③"亮度:路径对比度百分比":可设定灰度值阈值百分比。灰度值强度阈值 =(最大灰度值−最小灰度值)×灰度值阈值百分比+最小灰度值。若灰度值阈值百分比设为 40%,且扫描区域内最小灰度值为 20,最大灰度值为 250,则灰度值低于 (250−20)×40%+20,即 112 为黑像素点,灰度值高于 112 为白像素点。默认灰度值阈值百分比为 50%。在图像较均匀的前提下,由于打光等原因造成图片不一样时,采用路径对比度来二值化,用于整体

6

CHAPTER

调整。

④"亮度：自动双峰"：根据扫描路径直方图中的双峰值自动算出灰度值强度阈值；"自适应"：采样模板大小表示判断一个像素是黑色还是白色需要与周围 $N×N$ 个像素进行对比，其中 N 就是采样模板大小设定的像素数。

阈值 0% 对应采样模板中的灰度平均值，100% 为绝对白，-100% 为绝对黑。如当选择 0% 时，像素点只要不小于平均灰度值就为白色，用于图像较不均匀、拍摄的图片之间亮度不一致时的局部灰度调整。

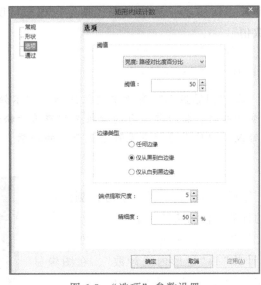

图 6-8　"选项"参数设置

2）"边缘类型"。

①"任何边缘"：在检测路径方向上寻找边界，不论是从黑像素点到白像素点还是从白像素点到黑像素点。

②"仅从黑到白边缘"：在检测路径方向上，仅寻找由黑像素点到白像素点的边界点。

③"仅从白到黑边缘"：在检测路径方向上，仅寻找由白像素点到黑像素点的边界点。

3）"端点提取尺度"：用来减少噪声对点定位的影响。若最大噪声宽度为 7，则在扫描路径上寻找到的点应满足从边界点向检测路径方向深入 7 个像素不能出现第二条边界。其默认为 5。

4）精细度：即为扫描线的密度，当设为 100% 时为全部扫描，扫描速度慢；设为 50% 时比设为 100% 时扫描线稀疏了 1/2，有的像素点将扫描不到，从而导致有的边界线拟合不到，但是速度加快。

（4）通过

工具在设定的范围内则结果表内的运行结果为通过。

本项目参数设置："常规"→"继承类型"："相对静止"→"继承工具"："tool2"→"图像参照"："tool1"；"选项"→"边缘类型"："仅从黑到白边缘"，如图 6-9 所示。

4. 矩形内像素统计

像素统计可统计在一个灰度范围内的像素值。打开 X-Sight 软件，单击"像素统计"→"矩形像素统计"，在图像显示窗口中画一个矩形内像素统计工具，将工具参数设置中的"灰度范围"设置为 0~255。

设置"常规"→"继承类型"：相对静止→"继承工具"：轮廓定位→"图像参照"：二值化工具，"选项"→"灰度范围"：最小值为 200，最大值为 255。设置完成一个像素统计工具后，可重复再添加七个矩形内像素统计工具。

图 6-9 "常规" 参数设置

实践小贴士

如果像素统计工具执行结果显示"数目不满足"，则修改参数设置中的"通过"，使"统计区域像素数目"在设置的范围内。

5. 脚本程序开发

（1）创建 int 型数组

若欲定义一个 3 个元素的数组，并分别赋值为 1，2，3，可编写代码如下：

$$var\ arr = array(3);$$
$$arr[0] = 1;\ arr[1] = 2;\ arr[2] = 3;$$

（2）程序设计

编写电子芯片检测脚本程序，首先在显示的脚本窗口左边全局变量列表中添加 5 个全局变量，分别为横坐标 X、纵坐标 Y、角度 angle、设定引脚数 ZJ_num；1 个全局数组变量，表示每个引脚是否缺失，不缺失为 1，缺失则为 0。

使用 if 语句判断轮廓定位工具是否执行成功，若轮廓定位工具执行失败，将图片数据清零并报警；若轮廓定位工具执行成功，直接取出该目标的中心坐标和角度后继续使用 if 语句判断当前芯片每个引脚是否缺失。其程序设计流程如图 6-10 所示。

在显示的脚本窗口左边全局变量列表中添加 X（float）、Y（float）、angle（float）、ZJ_ num（int）4 个全局变量，以及 1 个全局数组变量 ZJ_NO［］（int），然后编写脚本程序。脚本中用到了全局变量，在使用全局变量时，切记要在程序中执行初始化操作，否则每次运行结果会根据程序运行次数不断地累计，导致最终反映出来的结果不准确。脚本程序见表 6-2。

6

CHAPTER

113

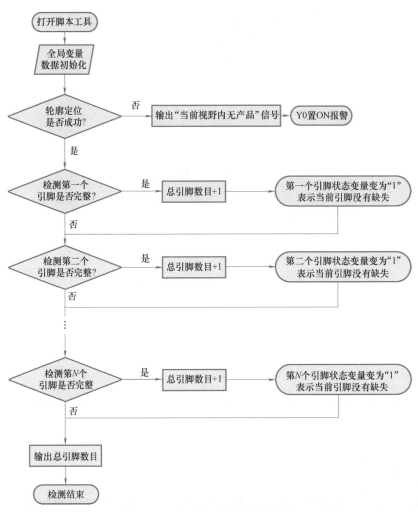

图 6-10　电子芯片检测程序设计流程

表 6-2　电子芯片检测脚本程序

脚本程序	注释
添加全局变量： 添加变量　X(float)、Y(float)、angle(float) 0; 添加变量　ZJ_num (int) 0; 添加变量　ZJ_NO (int[8]) 0;	
tool10. ZJ_NO[7] = 0;	全局数组变量,显示当前引脚有无缺失
tool10. ZJ_num = 0;	当前芯片上的引脚总数,初始化
if(tool1. out. result = = 0)	判断定位工具是否执行成功
{	

tool10. X = tool1. Out. results[0]. center. x;
 tool10. Y = tool1. Out. results[0]. center. y;
 tool10. angle = tool1. Out. results[0]. angle;
	提取轮廓定位工具定位到的坐标和角度

If(tool2. Out. pixelNum > 3500)	判断像素统计工具统计到的像素面积是否大于 3500

（续）

脚本程序	注释
{	
tool10. ZJ_num++;	当前引脚没有缺失
tool10. ZJ_NO[0]=1;	
}	
If(tool3. Out. pixelNum>3500)	
{	
tool10. ZJ_num++;	
tool10. ZJ_NO[1]=1;	
}	
If(tool4. Out. pixelNum>3500)	
{	
tool10. ZJ_num++;	
tool10. ZJ_NO[2]=1;	
}	
If(tool5. Out. pixelNum>3500)	
{	
tool10. ZJ_num++;	
tool10. ZJ_NO[3]=1;	
}	
If(tool6. Out. pixelNum>3500)	
{	
tool10. ZJ_num++;	
tool10. ZJ_NO[4]=1;	
}	
If(tool7. Out. pixelNum>3500)	
{	
tool10. ZJ_num++;	
tool10. ZJ_NO[5]=1;	
}	
If(tool8. Out. pixelNum>3500)	
{	
tool10. ZJ_num++;	
tool10. ZJ_NO[6]=1;	
}	
If(tool9. Out. pixelNum>3500)	
{	
tool10. ZJ_num++;	
tool10. ZJ_NO[7]=1;	
}	

6

CHAPTER

(续)

脚本程序	注释
If(tool10. ZJ_num = = 8)	
{ writeoutput(0,1);	当前芯片引脚没有缺失,为合格品
writeoutput(1,0);}	
else	
writeoutput(0,0);	当前芯片引脚存在缺失,为残次品
writeoutput(1,1);	
}	
else	
writeoutput(0,1);	相机未定位到任何物品,报警
writeoutput(1,1);	

任务 6.4　Modbus 配置和显示

1. 触发方式

设计完成相机程序之后,需要确定相机的触发方式。相机的触发方式有连续触发、内部定时触发、外部触发、通信触发。连续触发是相机会不停地触发拍照,无需任何外界信号;内部定时触发是根据设置的采集周期触发拍照;外部触发是通过 SIC-242 上的 X0 或 X1 触发相机拍照,X0 或 X1 可外接 PLC,以此来实现 PLC 控制相机拍照;通信触发是将相机与 PLC 用网线连接,通过 Modbus-TCP,从 PLC 中往相机的 4×21 的地址里写入对应的值来触发相机拍照,"1" 为开始拍照,"0" 为停止拍照。

本项目需要在电子芯片运动到相机视野下方之后,再触发相机拍照,如果相机处于连续触发,会出现电子芯片还未运动到视野下方,但已经拍照,会产生误判。因此选择外部触发,并且将输入选择为 X0。触发方式的更改如图 6-11 所示。

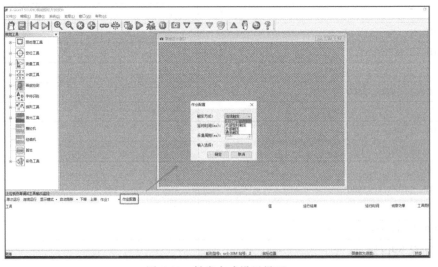

图 6-11　触发方式设置界面

2. Modbus 配置

相机程序中 Modbus 配置如图 6-12 所示。

Modbus配置

添加 删除 高级删除 地址排序

别名	值	地址	保持	变量	类型
tool1_角度	0.600	1000	-	tool1.Out.results[0].angle	浮点
tool1_x	480.000	1002	-	tool1.Out.results[0].center.x	浮点
tool1_y	908.000	1004	-	tool1.Out.results[0].center.y	浮点
tool10_ZJ_NO[0]	1	1006		tool10.ZJ_NO[0]	双字
tool10_ZJ_NO[1]	1	1008		tool10.ZJ_NO[1]	双字
tool10_ZJ_NO[2]	1	1010		tool10.ZJ_NO[2]	双字
tool10_ZJ_NO[3]	1	1012		tool10.ZJ_NO[3]	双字
tool10_ZJ_NO[4]	0	1014		tool10.ZJ_NO[4]	双字
tool10_ZJ_NO[5]	0	1016		tool10.ZJ_NO[5]	双字
tool10_ZJ_NO[6]	0	1018		tool10.ZJ_NO[6]	双字
tool10_ZJ_NO[7]	0	1020		tool10.ZJ_NO[7]	双字
tool10_ZJ_num	4	1022		tool10.ZJ_num	双字

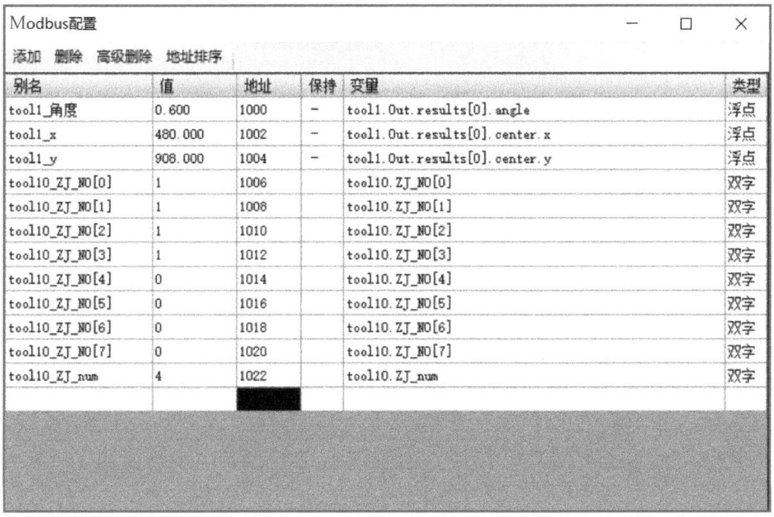

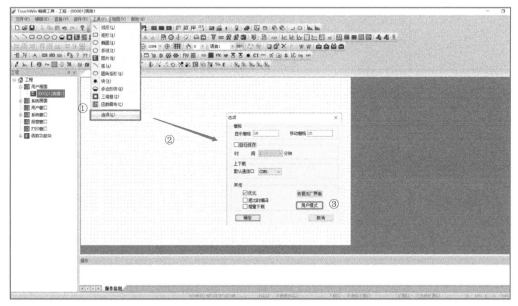

图 6-12 Modbus 配置

3. 触摸屏显示

（1）设置触摸屏软件的高级显示功能

打开触摸屏编辑软件，单击“文件”→“新建”程序。单击“工具”→“选项”→“用户模式”，设置完成后重启触摸屏软件，如图 6-13 所示。

图 6-13 重启触摸屏编辑软件

（2）编辑触摸屏开机界面

打开触摸屏编辑软件，单击“新建”图标 🗋，进行信捷触摸屏型号的选择，如图 6-14 所示。

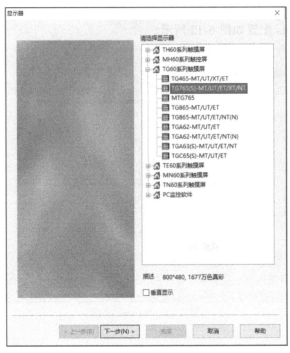

图 6-14　触摸屏型号设置对话框

选择和触摸屏相一致的型号，然后单击"下一步"，选择"以太网设备"，进行 IP 地址和网关的设置，如图 6-15 所示。

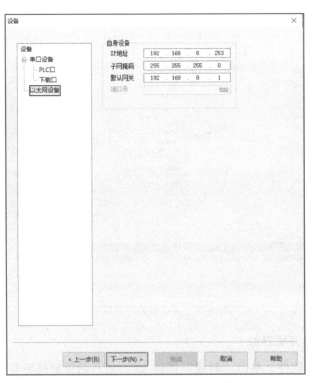

图 6-15　"以太网设备"对话框

右击"以太网设备"→"新建",显示如图 6-16 所示的对话框。将设备"名称"改为"相机",单击确定。

在图 6-17 所示的对话框中进行相机 IP 地址的设定,设置为 192.168.8.2,单击"下一步"完成相关设置(工程名称可自行修改)。

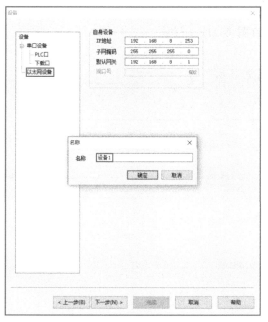

图 6-16 "名称"设置对话框

图 6-17 "IP 地址"设置对话框

在触摸屏工程文件画面 1 中单击"图片"图标 ,在空白处拉出一个任意大小的矩形,此时进入图片选择界面,如图 6-18 所示。

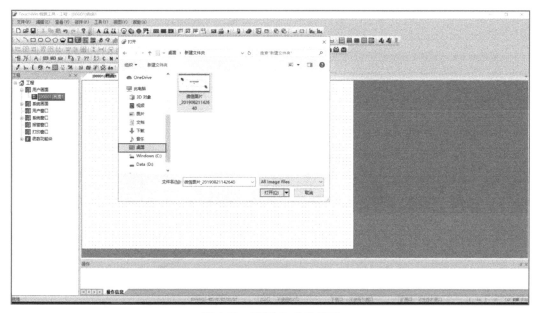

图 6-18 "图片"设置界面

选择一张图片后单击"确定",调整图片大小,该图片即为开机显示界面。然后右击"用户画面",新建"画面 2",单击"确定",如图 6-19 所示。

返回到画面 1,单击"功能键"图标 ↵,在"功能"中选择"画面跳转",设置"画面跳转至 2 号画面",设置完成后如图 6-20 所示。完成效果如图 6-21 所示。

在触摸屏工程文件"画面 2"中,单击"视觉显示"图标 ，进入视觉显示区域设置,如图 6-22 所示。

图 6-19　添加画面

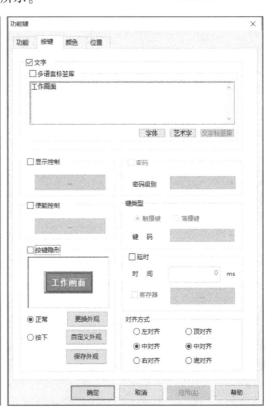

图 6-20　"功能键"设置界面

图 6-21　触摸屏开机界面

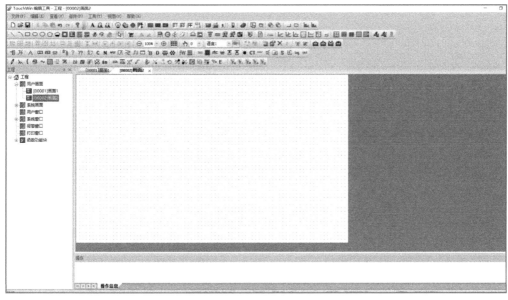

图 6-22　触摸屏工程界面

在触摸屏工程文件"画面 1"中，单击"视觉显示"图标 ，进入视觉显示区域设置。按照图 6-23 所示进行 IP、端口号、背景色、图像参数的设置，并将"位置"→"大小"设为宽度 640、高度 480。

图 6-23　"视觉显示"参数设置对话框

（3）编辑触摸屏程序中的采集、运行、单次拍照按钮

单击触摸屏编辑界面上方状态栏中的"功能键"图标 ，单击"设置数据"→"添加"，修改"功能键"→"按键"为"采集"，表示相机连续拍照，但不运行相机内部程序，可以连贯地看到相机明暗、清晰度状态等，方便调节镜头和光圈等，如图 6-24 所示。"采集"按钮设置如图 6-25 所示。

图 6-24　添加"采集"按钮

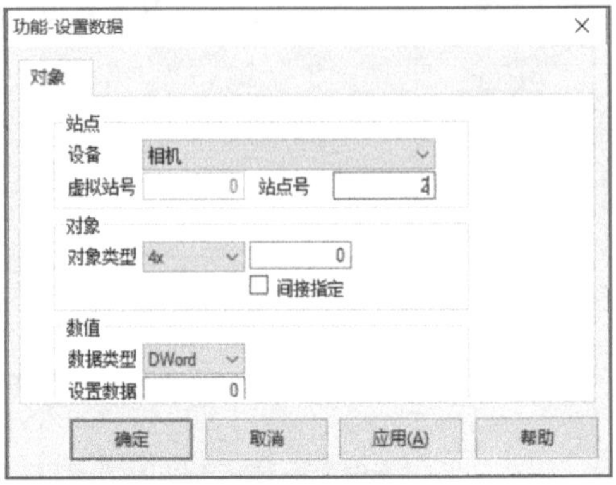

图 6-25　"采集"按钮设置

　　采用同样的方法添加"运行"按钮，参数设置大部分与上述相同，唯一不同点为"数值"→"设置数据"设为"1"，如图 6-26 所示。

　　若需要触发相机内部拍照，可继续添加"功能键"，修改"对象类型"为"4×21"（21 为触发相机拍照的内部地址），"数值"→"设置数据"为"1"时拍一次照，拍完照自动清零，如图 6-27 所示，修改"功能键"→"按键"为"单次拍照"。

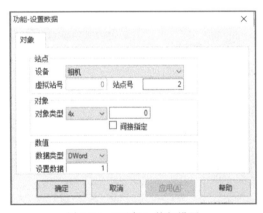

图 6-26　"运行"按钮设置

图 6-27　"单次拍照"按钮设置

　　触摸屏界面如图 6-28 所示。

　　其中，"单次拍照"按钮只在"运行"模式下有效，因此可以通过程序来实现在"运行"模式中才显示"单次拍照"按钮。方法：双击"单次拍照"按钮→单击"按键"，勾选"显示控制"，然后设置为"本机内部寄存器"→"PSB300"，如图 6-29 所示。

　　双击"运行"按钮，添加"置位线

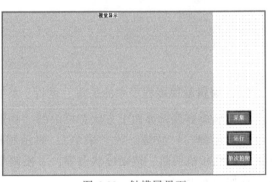

图 6-28　触摸屏界面

6

CHAPTER

圈"功能,输入"PSB300",如图 6-30 所示;同理,双击"采集"按钮,添加"置位线圈"功能,输入"PSB300"。

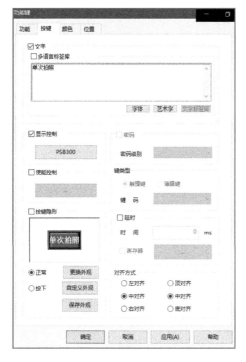

图 6-29 "显示控制"设置

图 6-30 添加"置位线圈"功能

(4)添加坐标及角度显示

单击"数据显示"快捷键图标 999,设置数据实时显示,编辑添加文字"X",同理添加对应的用于显示"Y""角度"的"数据显示",如图 6-31 所示。

完成"数据显示"设置后,单击"文字串"按钮图标 A,设置文字信息分别为"X""Y""角度",并分别放置于"数据显示"框附近。

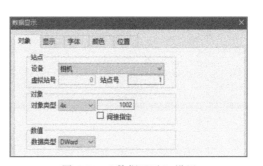

图 6-31 "数据显示"设置

(5)添加是否合格的指示灯

单击"指示灯"快捷键图标 ,显示当前电子芯片是否合格。输入"PSB302",由于相机程序中没有一个能直接反映当前电子芯片是否合格的 BOOL 信号,所以需要从程序中读取当前电子芯片的引脚数量,再将该数值与设定值进行比较,得出一个 BOOL 信号。右击"函数功能块"→"新建"新函数功能块"pass_fail",如图 6-32 所示。

函数功能块的编写完成后,单击"功能域"图标 ,单击"模式"→"连续","功能"→"函数调用",在下拉菜单中选择"pass_fail"→"并行执行"。

(6)在触摸屏上修改相机程序中的重要参数(统计像素面积的最小值)

6

CHAPTER

```
1    int a;
2    Read(NET_0, 2, MODBUS_TCP_REG_4X, 1022, 0, TYPE_DWORD, &a);
3    if(a=8)
4    {
5        PSB[302]=1;
6    }
7    else PSB[302]=0;
```

图 6-32 "pass_fail" 函数功能块

由于在原程序脚本中并没有可供更改的变量，因此需要修改脚本，首先添加新变量，如图 6-33 所示。

将脚本中用于比较的标准值 "3500" 修改为新的全局变量 "tool10. area_min"，如图 6-34 所示。

在 Modbus 配置中添加 "tool10_area_min"，然后在触摸屏中单击 "数据输入" 图标 [23]，"数据输入" 设置如图 6-35 所示。

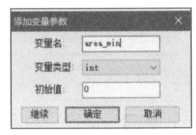

图 6-33 添加全局变量

```
tool10.ZJ_NO[7]=0;
tool10.ZJ_num=0;
if(tool1.Out.result==0)
{
    if(tool2.Out.pixelNum>tool10.area_min)
    {
    tool10.ZJ_num++;
    tool10.ZJ_NO[0]=1;
    }
    if(tool3.Out.pixelNum>tool10.area_min)
    {
    tool10.ZJ_num++;
    tool10.ZJ_NO[1]=1;
    }
    if(tool4.Out.pixelNum>tool10.area_min)
    {
    tool10.ZJ_num++;
    tool10.ZJ_NO[2]=1;
    }
    if(tool5.Out.pixelNum>tool10.area_min)
    {
    tool10.ZJ_num++;
    tool10.ZJ_NO[3]=1;
    }
    if(tool6.Out.pixelNum>tool10.area_min)
    {
    tool10.ZJ_num++;
    tool10.ZJ_NO[4]=1;
    }
    if(tool7.Out.pixelNum>tool10.area_min)
    {
    tool10.ZJ_num++;
    tool10.ZJ_NO[5]=1;
    }
    if(tool8.Out.pixelNum>tool10.area_min)
    {
    tool10.ZJ_num++;
    tool10.ZJ_NO[6]=1;
    }
    if(tool9.Out.pixelNum>tool10.area_min)
    {
    tool10.ZJ_num++;
    tool10.ZJ_NO[7]=1;
```

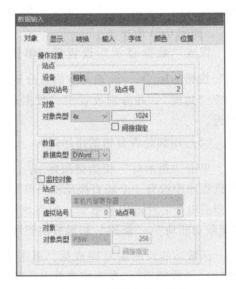

图 6-34 修改后的脚本

图 6-35 "数据输入" 设置

（7）在触摸屏上显示相机程序中像素统计工具对应的搜索框

首先需要从相机中提取出搜索框的对应信息，在"Modbus 配置"中添加对应信息，如图 6-36 所示。

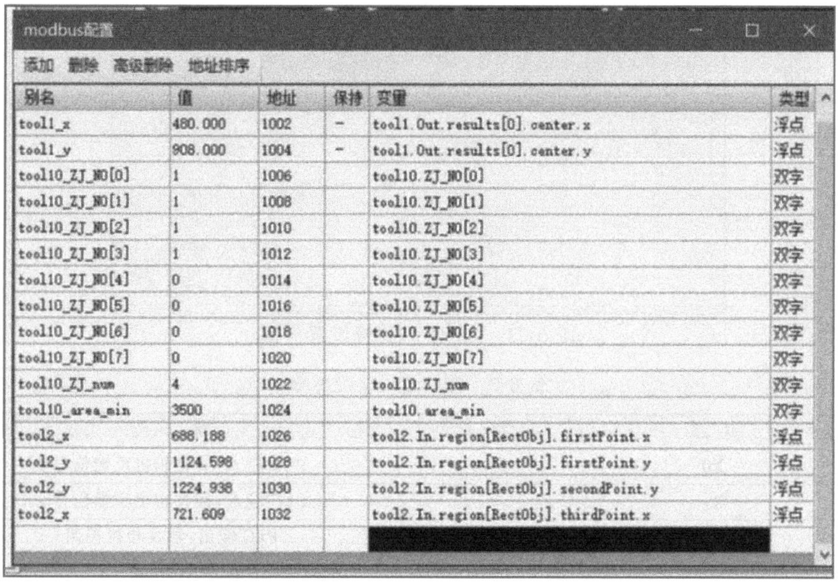

图 6-36 "Modbus 配置"对话框

在触摸屏中添加新的函数功能块"region"，用于提取相机中的信息，程序如图 6-37 所示。

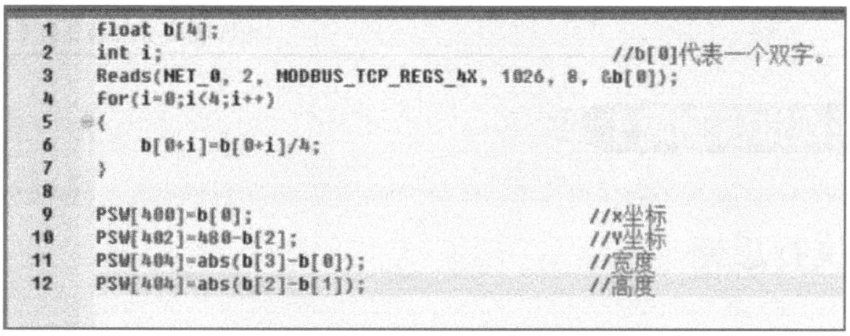

```
1    float b[4];
2    int i;                                    //b[0]代表一个双字。
3    Reads(NET_0, 2, MODBUS_TCP_REGS_4X, 1026, 8, &b[0]);
4    for(i=0;i<4;i++)
5    {
6        b[0+i]=b[0+i]/4;
7    }
8
9    PSW[400]=b[0];                            //x坐标
10   PSW[402]=480-b[2];                        //y坐标
11   PSW[404]=abs(b[3]-b[0]);                  //宽度
12   PSW[404]=abs(b[2]-b[1]);                  //高度
```

图 6-37 添加函数功能块"region"

在触摸屏中，添加"矩形"→"线条"→"线条粗细"改为"5"，"颜色"→"蓝色"，"填充"→"透明"。然后在触摸屏中添加 4 个"读"工件图标 🗏，分别读取 PSW［400］、PSW［402］、PSW［404］、PSW［406］。选中 4 个"读"工件及"矩形"工件，右击后选择"高级"，选择"横坐标"，单击"属性包含"，再选中"READ0［1］"，单击"确认包含"。按上述方法依次设置"纵坐标""高度""宽度"，如图 6-38 所示。

4. PLC 显示

在本项目中，PLC 选用 XD5E-32T4-E。PLC 为低电平输出，使用时 COM0 需要与 0V 短接。表 6-3 为 PLC 的 IO 配置表。

6 CHAPTER

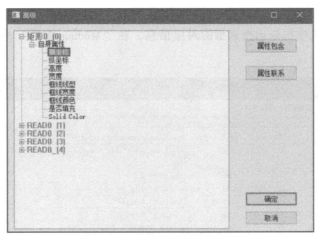

图 6-38 "矩形"高级设置界面

表 6-3 PLC 的 IO 配置表

IO 点	功　　能
X0	PLC 输入:接收相机反馈信号 1
X1	PLC 输入:接收相机反馈信号 2
Y0	PLC 输出:触发相机拍照

相机的 IO 配置见表 6-4。

表 6-4 相机的 IO 配置

IO 点	功　　能
Y0	相机输出:相机输出信号 1
Y1	相机输出:相机输出信号 2
X0	相机输入:拍照触发信号

6 【康耐视视觉检测篇】

任务 6.5　执行思路

基于康耐视检测软件的电子芯片缺脚视觉检测执行思路如图 6-39 所示。

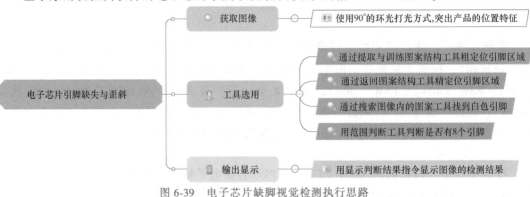

图 6-39　电子芯片缺脚视觉检测执行思路

任务 6.6　显示图像

打开康耐视软件，右击左边的图标 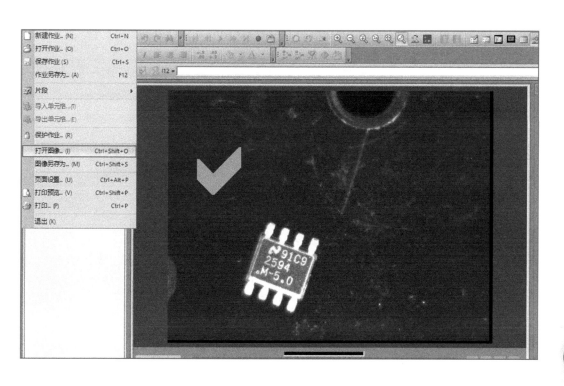 ，选择"显示电子表格视图"。单击"文件"，选择"打开图像"，插入将要检测的图片，就可以显示该图片，如图 6-40 所示。单击图标 可以查看图片。

图 6-40　待检测图像

任务 6.7　芯片引脚定位

1. 粗定位芯片位置

单击"函数"→"图像匹配"，添加"FindPatterns"指令（图像定位）。"模型区域"选择大一点，包含要检测的区域，"查找区域"选择最大，如图 6-41 所示。

2. 精定位芯片引脚位置

单击"函数"→"图像匹配"，添加"TrainPatMaxPattern"指令（模型定位），"图案区域"选择芯片引脚，如图 6-42 所示。

6

CHAPTER

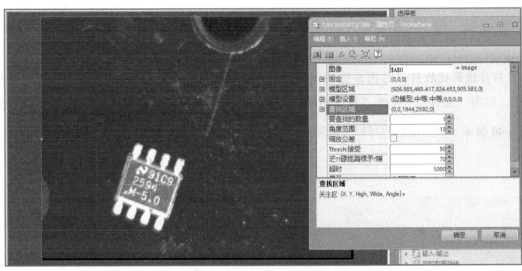

图 6-41　粗定位芯片位置

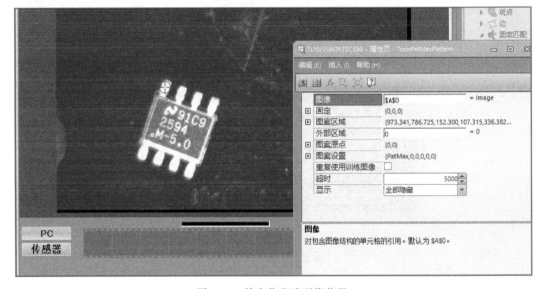

图 6-42　精定位芯片引脚位置

任务 6.8　检测是否缺引脚

1. 找出白色芯片引脚

单击"函数"→"图案匹配"，添加"FindPatMaxPatterns"指令（查找芯片引脚）。"查找区域"选择最大，"图案"选择上面的"Patterns"，"要查找的数量"为 8 个，"接受"就是阈值，更改一个合适的值，显示为 8 个，如图 6-43 所示。

2. 判断是否找到 8 个白色引脚

在表格中添加"GetNFound"统计找到的白色引脚的数量，选择上面的"Patterns"，添

CHAPTER 6

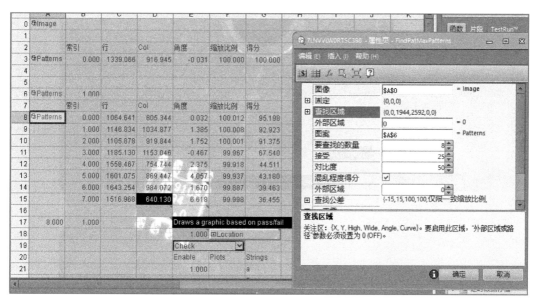

图 6-43　找出芯片的 8 个白色引脚

加 "InRange" 指令判断是否有 8 个白色引脚，判断结果如图 6-44 所示。

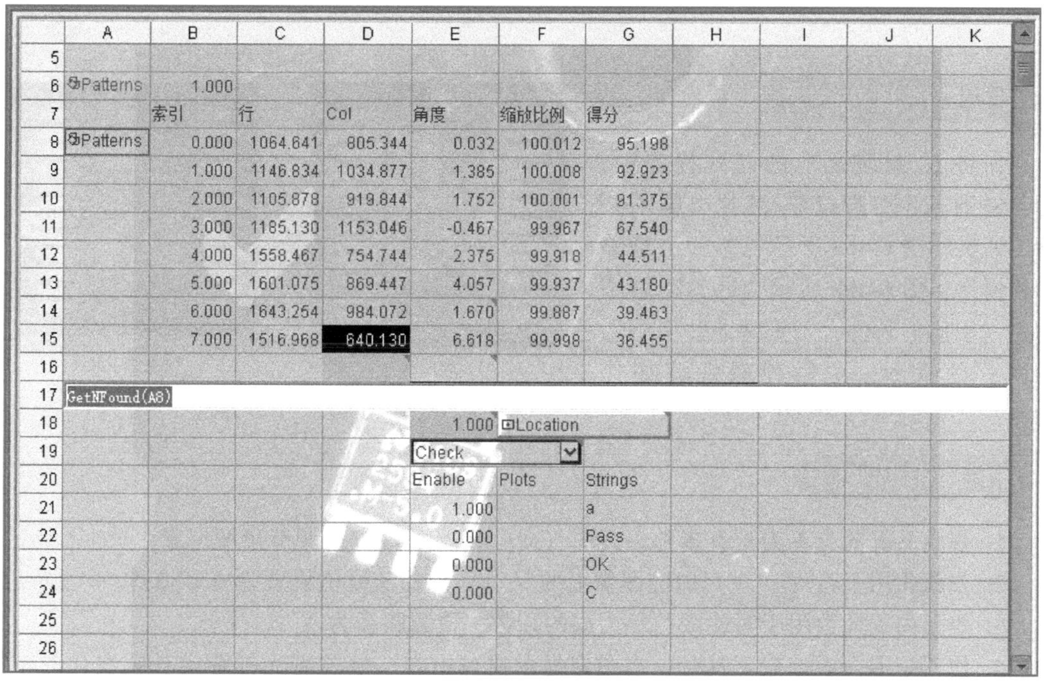

图 6-44　判断结果

3. 显示判断结果

单击 "片段"→"Display"，添加 "PassFailGraphic.cxd" 指令（显示界面），"0" 选择 "and" 合并的结果，"Location" 可以改变显示判断位置，如图 6-45 所示。

	A	B	C	D	E	F	G	H	I	J	K
7		索引	行	Col	角度	缩放比例	得分				
8	Patterns	0.000	1064.641	805.344	0.032	100.012	95.198				
9		1.000	1146.834	1034.877	1.385	100.008	92.923				
10		2.000	1105.878	919.844	1.752	100.001	91.375				
11		3.000	1185.130	1153.046	-0.467	99.967	67.540				
12		4.000	1558.467	754.744	2.375	99.918	44.511				
13		5.000	1601.075	869.447	4.057	99.937	43.180				
14		6.000	1643.254	984.072	1.670	99.887	39.463				
15		7.000	1516.968	640.130	6.618	99.998	36.455				
16											
17	8.000	1.000			Draws a graphic based on pass/fail						
18					1.000	Location					
19					Check						
20					Enable	Plots	Strings				
21					1.000		a				
22					0.000		Pass				
23					0.000		OK				
24					0.000		C				
25											
26											
27											
28											

图 6-45　显示判断结果

【工程师在线】

在将 IC 封装之前的芯片检测中，还会碰到芯片引脚偏移/芯片引脚不共面的瑕疵。图 6-46a 所示为芯片引脚偏移的情形，图 6-46b 所示为芯片引脚不共面（引脚的长度大于正常芯片引脚的长度）的情形，这两种瑕疵该如何检测？

a) 引脚偏移

b) 引脚不共面

图 6-46　芯片外观

【知识闯关】

1. 视觉系统的光源类型有多种，其中（　　　）光源最方便调节角度位置。

2. 二值化用于将（　　　）内的图像上的（　　　）的灰度值设置为 0 或 255。

3. 矩形内线计数用于对检测路径内线的计数，检测路径为（　　　）。

4. 使用矩形内线计数工具时，在图像显示窗口中有一条随着光标移动长短变化的带箭头的线，该线的方向应当与（　　　）的方向一致。

5. 若定义了全局变量 ZJ_num，tool0. ZJ_num++脚本程序表示（　　　）。

【评价反馈】

项目评价见表 6-5，可采取自评互评相结合的评价反馈方式。

表 6-5 项目评价表

内 容	评 价 要 点	分值	得分
硬件选型与搭建	光源、相机、镜头选型	5分	
	硬件搭建	5分	
图片装载	新建工程文件,保存文件,装载图片	4分	
定位及计数工具使用	轮廓定位工具使用及参数设定	10分	
	二值化工具使用及参数设定	10分	
	矩形内线计数工具使用及参数设定	10分	
	矩形像素统计工具使用及参数设定	10分	
脚本程序设计	X-Sight 软件建立脚本,添加全局变量,设定初始值	6分	
	判断芯片位置	10分	
	判断芯片是否缺脚	10分	
视觉结果输出与仿真	触摸屏开机界面设置	10分	
	像素统计工具搜索框显示	10分	
总分		100分	

【延伸阅读】

工匠寄语:要把老祖宗的好东西复织出来,不要从我们这代人手里边灭绝,不要把我们的技术带到棺材里去,我们要把我们的技术传给后人。

个人事迹:

王亚蓉,中国社科院考古研究所特聘研究员、高级工程师,古丝绸修复专家,几十年如一日地从事考古纺织品文物现场发掘、保护、研究、鉴定工作。那些古代的绫罗绸缎经过古丝绸修复专家王亚蓉"妙手回春",就能重新

焕发中国丝绸文化的瑰丽绚烂。修复的成果总是让人振奋,但是复织古丝绸的过程艰辛,修复的时间短则几个月,长则几年甚至十几年。以东周墓葬中出土的古代织物为例,出土时都与湿软的泥沙混为一体,已经成了泥糊状,一触即碎,入水就溶。修复它必须先将其冷藏,再使用眼科手术的小镊子钳住一颗颗细如针尖的沙粒,借助羊毫毛笔,一点点扫落粘脱泥土,将织物从泥沙中分离、提取出来,露出古丝绸的色彩和纹路。织锦从泥土中艰难剥离出来后,清洗、染色、刺绣、织造等更难的复织工序还在后头。考证织锦出土的地域、年代,查阅当时的纺织方法,才能设计出修复方案。整个过程的复杂艰辛,可想而知。然而,这位心脏里安有 6 个支架的古稀老人,一如既往地保持着那份热爱古丝绸修复的初心,精神抖擞地继续在纺织文物的保护与修复事业中发光发热。

6

CHAPTER

项目7

汽车零部件的尺寸测量与视觉数据的PLC处理

 【学习目标】

知识目标

1) 掌握硬件选型方法及硬件搭建方法。
2) 理解极值求取工具的参数含义。
3) 熟练掌握 "dotdotdis" / "linelinedis" 函数的使用方法。
4) 掌握在 S7-1200 PLC 中显示视觉检测结果的数据转化方法。

能力目标

1) 硬件选型与搭建能力：会正确选择光源/相机/镜头并连接视觉系统硬件。
2) 计数工具参数调整能力：会运用极值求取工具和矩形内线定位工具。
3) 脚本程序编写与调试能力：会运用 "dotdotdis" / "linelinedis" 函数编写零件长度和轴径。
4) 检测结果的仿真显示：能在 S7-1200 PLC 中完成视觉检测结果数据转换，并在触摸屏中显示检测结果。

素养目标

1) 根据项目检测需求，小组讨论硬件架设方案，并形成待测产品图片。
2) 搜集智能生产线上视觉应用的案例，讨论机器视觉在工业生产线上的不同显示情况。

【项目导学】

情境导入

随着工业 4.0 的提出，汽车行业使用越来越多的智能生产线来完成每一个零部件的精准配合。要实现零部件精准的配合，需要每一个零部件尺寸更为准确。工业生产中测量常规零部件尺寸的传统方法主要是依靠轮廓仪、激光测量仪或者游标卡尺等测量工具，这些方法不但操作复杂、精确度较低，而且仪器成本相对较高。随着机器视觉技术的不断发展，工业视觉检测设备崭露头角。本项目实现了利用工业视觉来测量汽车组装中连接件的长度，从而实现了对生产加工更为精细的把控。

可行性方案

打开 X-Sight 软件，打开"图像"→"打开图像序列"，选择对应图片文件夹，插入待检测图片，如图 7-1 所示。

在测量长度的过程中，除了用脚本函数"linelinedis"来实现长度测量外，也可以用长度测量工具来显示线与线之间的距离。当不仅需要检测长度，还需要测量工件的外圆直径时，同样可以利用上述方法实现直径的测量。

图 7-1　待检测图像

实践小贴士

当需要让一个脚本程序能够识别多种工件时，可以将线定位的搜索框放大，即使是不同工件，线定位也能成功地定位到待测零件的边界线。

执行思路

视觉检测零部件长度尺寸，使用背光的打光方式，通过一个图案定位或轮廓定位，通过极值求取工具测量零部件长度，通过两个线定位来定位相邻两边的线，从而测量直径，最后设计脚本程序并通过距离测量工具测出两线的距离，其执行思路如图 7-2 所示。

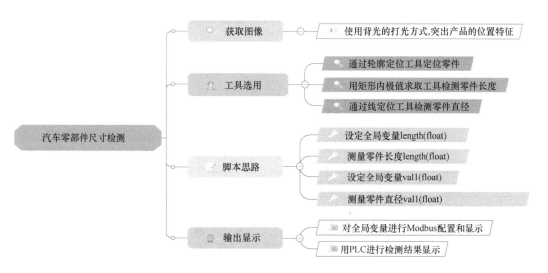

图 7-2　汽车零部件尺寸检测执行思路

【X-Sight 视觉检测篇】

任务 7.1 硬件选型与场景搭建

1. 硬件选型

进行硬件架设时，注意调整镜头与样品的距离，确保相机视野范围能覆盖完整的光源，光源在其中的占比为 1/3~2/3。

（1）相机选型

由于测量项目都有测量精度要求，因此为了能达到模拟的 0.2mm 的精度要求，可以通过计算确定当前相机的选型。由于光源面阵光大小为 90mm×90mm，需要让相机视野覆盖整个光源，因此相机视野的短边长度至少为 90mm，30 万/120 万/500 万相机的短边像素数分别为 480、960、1920，用 90mm 除以这 3 个像素数，得出每个像素对应的实际距离为 0.187mm、0.093mm、0.046mm，由于线定位工具存在 1~2 个像素的误差，因此三款相机的实际误差值分别为 0.374mm、0.186mm、0.092mm，前两个值明显大于 0.15mm，因此前两款相机无法满足当前的检测精度要求，本项目选择 500 万像素相机。

（2）光源选择

常见的尺寸测量项目使用背光源，这是因为背光源可以非常好地将样品轮廓勾勒清楚，更有利于测量的精准度。但由于当前零部件厚度过大，若是用普通的背光源，光源的漫散射光过大，会使样品轮廓出现白斑，影响样品的轮廓成像效果，因此本项目选用平行背光。平行背光相较于普通的背光源，具有更小的漫散射光以及更集中平行的垂直光，可以大大提升轮廓的勾勒效果。鉴于样品的大小，本项目选择 90mm×90mm 的平行背光。

（3）镜头选择

由于汽车零部件本身具有一定高度，考虑到会在视野边缘拍到样品侧面的情况，选择镜头时应使得相机稍微远离样品，所以需要选择焦距稍大一点的镜头，可以选择 12.5mm 镜头。若产品很薄，也可以根据相机架设高度另行选择，使得样品在图像中所占比例不会过小。

本项目硬件选型见表 7-1。

表 7-1　硬件选型

编号	名称	型号	数量	单位	备注
1	相机	SV5-500M	1	台	
2	镜头	SL-CF12.5-C	1	个	
3	光源	SI-PB090090-W	1	个	
4	光源控制器	SIC-242	1	个	
5	相机连接线	SV5-IO	1	根	
6	网络连接线	SV5-NET	1	根	
7	智能终端	STG765-ET	1	个	

7
CHAPTER

实践小贴士

　　当使用最高像素相机仍无法达到目标精度时，应考虑缩小视野范围来提高每个像素对应的实际距离。

2. 场景搭建

　　根据汽车零部件实际测量要求，为达到 0.2mm 的精度要求，选用 2560×1920（约 500 万）像素黑白相机，FA 定焦 12.5mm 镜头，90mm×90mm 平行背光光源，信捷 24V 光源控制器，信捷 STG 系列智能终端，配备相机连接线和网络连接线以及延长接圈，构成一套完整的视觉检测系统，硬件连接框图如图 7-3 所示。

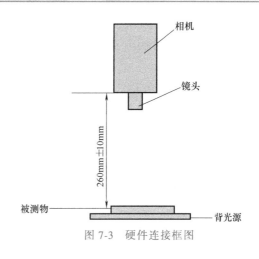

图 7-3　硬件连接框图

任务 7.2　上位机以太网卡配置

　　选择"开始"→"设置"→"控制面板"→"网络和 Internet"→"网络和共享中心"→"更改适配器设置"→"以太网"→"Internet 协议版本 4"。

　　将 IP 地址设置为 192.168.8.＊，其中"＊"表示 1~255 的数字，但该数字不能同相机地址（192.168.8.2）与默认网关，在固件更新时仅能用 192.168.8.253，一般推荐用 IP 地址为 192.168.8.253。

　　打开 X-Sight 软件，单击状态栏中的图标 ⊡⊡ 连接相机，显示"相机连接"对话框，单击"搜索"，最后单击"确定"，搜索完成后单击"确定"，再单击图标 ◉ 显示图像。

任务 7.3　工具应用及脚本编写

7.3.1　轮廓定位

　　由于本项目选用的是 500 万像素的相机，所获取到的图像比 30 万像素的相机大很多，像素数目也是成倍增长，因此在确定轮廓模板时，应注意模板大小不能过大，否则相机本身存储大小不够。轮廓定位工具参数含义参考项目 6，"选项"参数设置如图 7-4 所示。

7.3.2　极值求取

　　极值求取包含矩形内极值求取和圆环内极值求取。

图 7-4　轮廓定位"选项"参数设置

矩形内极值求取最大值是求取离带箭头的搜索边坐标最远的那个点，最小值是求取离带箭头的搜索边坐标最近的 1 个点或多个点。在 X-Sight 软件窗口中，单击"瑕疵检测"→"极值求取"→"矩形内极值求取"，形成绘制选框，如图 7-5 所示。

图 7-5　绘制选框

弹出的参数设置窗口中，分为以下选项卡：

（1）常规

用于设置工具的名称；添加工具的描述；设置位置参照、图像参照。

（2）形状

第一个点为矩形框带箭头那边的起点坐标；第二个点为矩形框带箭头那边的终点坐标；大小为矩形框的宽度和高度。

（3）选项

1）"任务选择"：选取要取的是极大值还是极小值还是所有点。

2）"阈值"。

①"亮度：固定值"：可设定确定的灰度值阈值。若设为 160，则灰度值低于 160 为黑像素点，灰度值高于 160 为白像素点。默认为 128。

②"亮度：路径对比度百分比"：可设定灰度值阈值百分比。灰度值强度阈值=（最大灰度值－最小灰度值）×灰度值阈值百分比+最小灰度值。若灰度值阈值百分比设为 40%，且扫描区域内最小灰度值为 20，最大灰度值为 250，则灰度值低于 （250-20）×40%+20，即 112 为黑像素点，灰度值高于 112 为白像素点。灰度值阈值百分比默认为 50%。

③"亮度：自动双峰"：根据扫描路径直方图中的双峰值自动算出灰度值强度阈值。

④"自适应"：采样模板大小表示判断一个像素是黑色还是白色需要与周围 $N \times N$ 个像素进行对比，其中 N 就是采样模板大小设定的像素数。

阈值 0% 对应采样模板中的平均灰度值，100% 为绝对白，-100% 为绝对黑。如当选择 0% 时，像素点只要不小于平均灰度值就为白色。

3）"目标颜色"：黑表示选取对象为黑色；白表示选取对象为白色。

4）"精细度"：极大值与极小值的差值大于设置的精细度，则能找到该极大值或极小值。

5）"边界长度"：所定位的物体的边长范围，若边长不在此范围内则找不到点。

6）"高级"："极值点选取阈值"指当一处极值点处的极值点存在多个时，设置的极值点选取阈值大于两极值点的距离则只会出现一个极值点，否则都会出现；"只检测单条边界"指当勾选此项后，只会定位到单条边界去选取极值，若不勾选此项，则可以定位到多条边界去选取极值。

实践小贴士

首先在工具栏中选中矩形内极值求取工具，在图像显示窗口中按住鼠标左键不松开，移动光标，有一个随着光标移动大小改变的矩形，待得到满意的矩形框后松开左键，即为求取极值的区域。

　　本项目实施时，矩形内边界极值"常规"参数设置为："位置参照"中继承类型选择"相对静止"，"继承工具"设置为轮廓定位工具名，如图7-6所示。

　　"选项"参数"任务选择""极小值点"，"目标颜色"选择"黑"，其余参数默认，如图7-7所示。"高级"选项卡中勾选"只检测单条边界"。

图 7-6 "常规"参数设置

图 7-7 "选项"参数设置

7.3.3 矩形内线计数

　　打开 X-Sight 软件，使用"计数工具"→"线计数"→"矩形内线计数"，实现对检测路径内线的计数。选择"常规"→"位置参照"→"相对静止"，"继承工具"→"轮廓定位"工具名；"选项"→"定位边缘类型"→"从白到黑边缘"，若图像获取不清晰，可调整"阈值"参数，其余参数选择默认，如图7-8所示。

图 7-8 矩形内线计数工具

7.3.4 脚本程序开发

1. 工具运算函数

　　工具运算函数包括点点中点函数、点点距离函数等，参数类型可能出现 int、float、object、array。

　　（1）点点中点函数 dotdotmiddot

　　用点定位工具中的沿直线段定位工具在图像中找到两个点，再通过脚本中的点点中点函数找到两个点的中点，并将值赋给局部变量 middot。定义两个全局变量，类型为 float，将中点的 x 和 y 分别赋到两个全局变量中，对应的脚本程序如下：

var middot = dotdotmiddot(tool1. Out. point, tool2. Out. point);

tool3. val1 = middot. x;

tool3. val2 = middot. y;

（2）创建 int 型数组 arraynewint

若定义一个有 3 个元素的数组，并分别赋值为 1、2、3，对应脚本程序如下：

var arr = arraynewint(3);

arr[0] = 1;

arr[1] = 2;

arr[2] = 3;

（3）点点距离函数 dotdotdis

定义一个局部变量 dotdis，类型为 float。如果需要将这个距离输出到外部，则添加一个全局变量 val1，类型为 float。dotdis 的值就是两点的距离，其单位为像素，函数基本格式为：float dotdotdis（Object ptrP1，Object ptrP2），其中 float 为返回值类型，dotdotdis 为函数名，Object ptrP1 为函数类型，基本脚本程序如下：

float dotdis;

dotdis = dotdotdis（tool1. Out. point, tool2. Out. point）;

tool3. val1 = dotdis。

2. 零部件尺寸测量程序设计

编写汽车零部件长度测量脚本程序，首先在脚本窗口左边全局变量列表中添加两个全局变量，命名为 length（float）和 val1（float），用来表示零件长度与直径尺寸。使用 if 语句判断轮廓定位工具是否执行成功，若轮廓定位工具执行成功，用"dotdotdis"函数分别获取零件上下两条边的极小值点之间的距离，用"linelinedis"函数获取零件直径距离，程序设计流程如图 7-9 所示。

按照图 7-9 所示流程，设计脚本程序，见表 7-2。

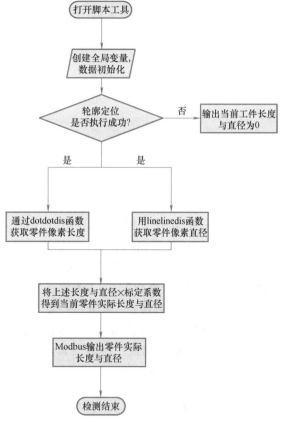

图 7-9　零部件尺寸测量程序设计流程

表 7-2　零部件尺寸测量脚本程序

脚本程序	注释
添加全局变量： 　　　　添加变量　length（float）0； 　　　　添加变量　val1（float）0；	

（续）

脚本程序	注释
If(tool1. Out. result = = 0)	判断轮廓定位是否成功
｛	
tool6. length = 0; tool6. val1 = 0;	初始化
var a = dotdotdis (tool2. Out. ExtraPoints [0]，tool3. Out. ExtraPoints [0]);	定义 a 变量,测量零件上下两条边极小值点之间的像素距离
var b = linelinedis(tool4. Out. line, tool5. Out. line) ;	定义 b 变量,测量零件像素直径
tool6. length = a * 122/2560; tool6. val1 = b * 122/2560;	求出零件实际长度与直径
｝	
else	
｛	
writoutput(1,1);	tool1 轮廓定位失败,置位 Y1
｝	

任务7.4　Modbus 配置和显示

1. PLC 数据转换

（1）相机通信设置

第 1 步：选择相机机型。单击"系统"→"选择相机机型"，选择"SV5—500M"机型，如图 7-10 所示。

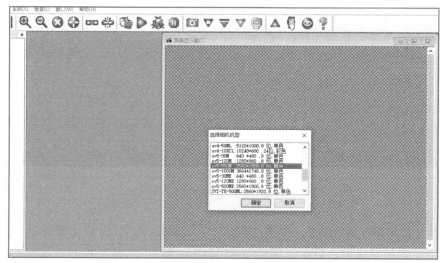

图 7-10　选择相机机型

第 2 步：连接相机。单击图标 ▭▭，会搜索到网线连接的相机，记住相机 IP 地址。单击图标 📷 再单击图标 👁，可以观察到相机实时场景，如图 7-11 所示。

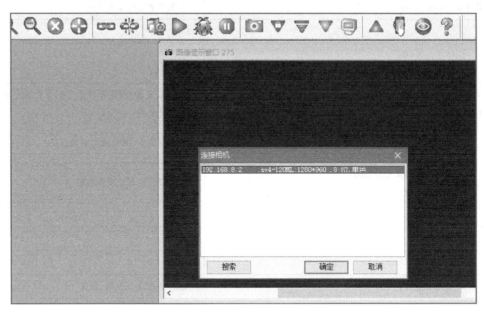

图 7-11　连接相机界面

第 3 步：编写脚本。双击 "脚本"，添加自定义变量，编写脚本，如图 7-12 所示。

图 7-12　编写脚本

第 4 步：输出脚本运行结果。单击 "窗口"→"Modbus 配置"，添加需要在 PLC 中显示的脚本结果。添加完成后，单击 "窗口"→"Modbus 输出"，将配置的值输出给 PLC，如图 7-13 所示。

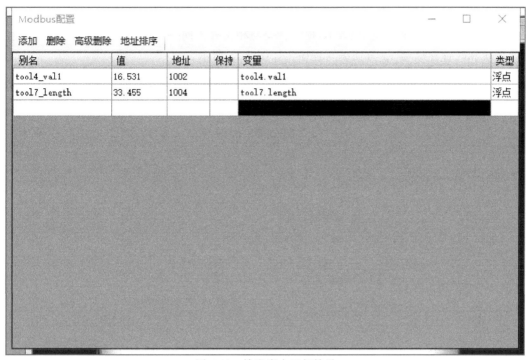

图 7-13 输出脚本运行结果

(2) PLC 通信设置

第 1 步：创建 PLC 新项目。在博图软件中单击"创建新项目"，更改名称，选择项目储存路径。单击"创建"，创建后单击"打开项目视图"→"添加新设备"，添加与相机通信的 PLC，如图 7-14 所示。

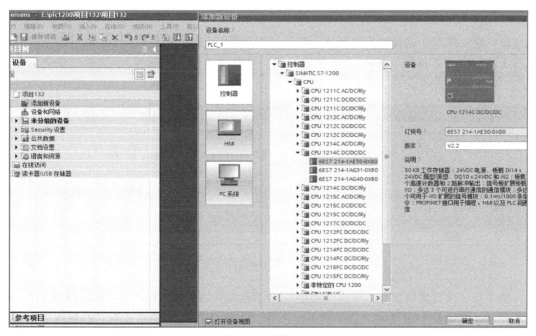

图 7-14 添加 PLC

第 2 步：组态 PLC。单击"设备视图"，双击"PLC"，单击"PROFINET 接口"→"以太网地址"→"添加新子网"，更改 IP 地址，要与相机处于同一个网段（192.168.8. *），单击"系统和时钟存储器"，方便编写程序，如图 7-15 所示。

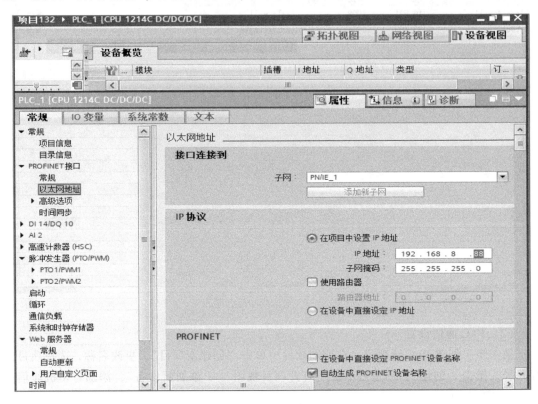

图 7-15　设置参数

第 3 步：添加、设置接收数据块。双击"添加新块"，选择"数据 DB 块"用于接收相机输出的数据（如长度、直径）。右击数据块，单击"属性"→"属性"，去掉"优化的块访问"，如图 7-16 所示。

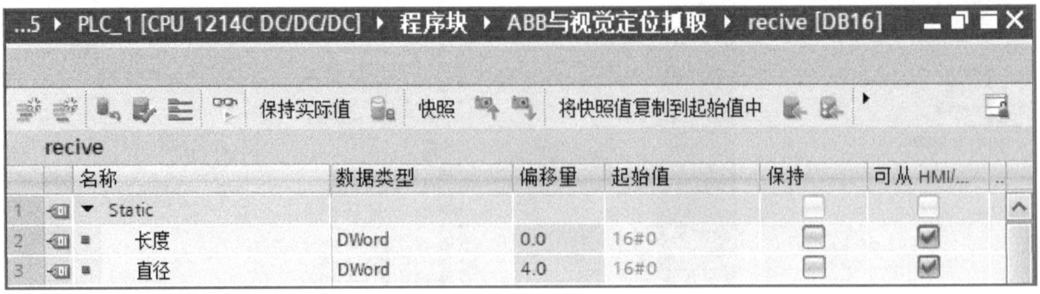

图 7-16　设置接收数据块

第 4 步：设置通信指令。单击"通信"→"其他"→"Modbus TCP"→"MB_CLIENT"，拖进主程序。更改 IP，IP 为相机通信的 IP。"MB_DATA_PTR"中的格式为：P#接收数据块的 DB 名称 DB 从接收数据的第一个地址开始 数据的类型 接收的空间，如图 7-17 所示。

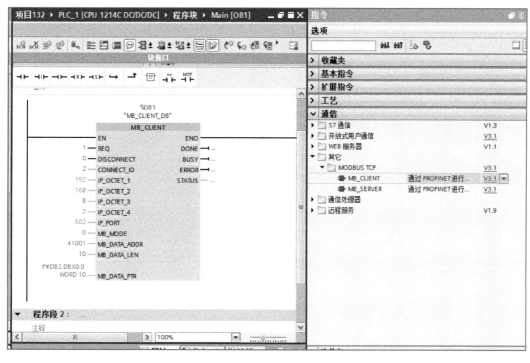

图 7-17 设置通信指令

第 5 步：添加转换数据块。双击"添加新块"，添加"数据 DB 块"，写入要转换的变量，更改想要的数据类型，如图 7-18 所示。

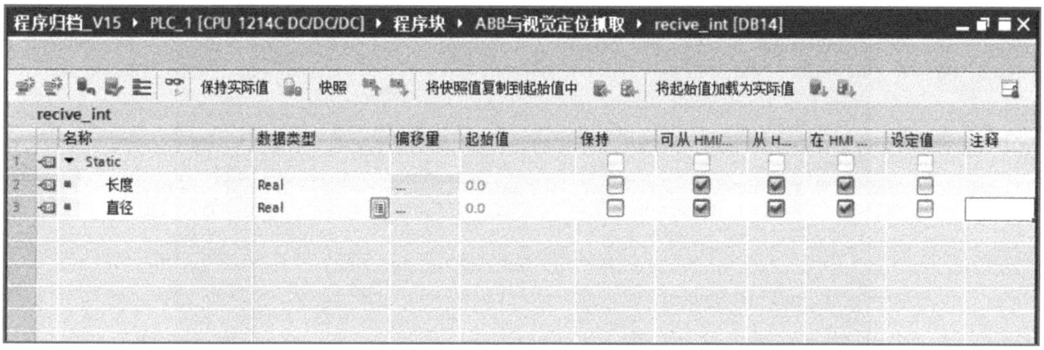

图 7-18 添加转换数据块

第 6 步：将接收数据转换为想要的数据。双击"添加新块"，添加"FC 函数块"，语言改为：SCL。左边为转换后的数据，右边为相机数据。格式：转换后的数据 ：＝REAL_TO_INT（转换后的数据类型_TO_相机的数据类型（ROL(IN：＝相机的数据，N：＝16)))，如图 7-19 所示。

2. 触摸屏显示

第 1 步：添加新画面。在 HMI 组态界面中，单击图标 添加新画面，添加结果如图 7-20 所示。

7

CHAPTER

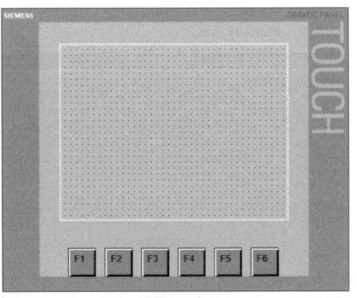

程序归档_V15 ▶ PLC_1 [CPU 1214C DC/DC/DC] ▶ 程序块 ▶ ABB与视觉定位抓取 ▶ I/O映像 [FC7]

块接口

| IF... | CASE... OF... | FOR... TO DO... | WHILE... DO... | (*...*) | REGION |

```
1    //相机数据发送PLC
2    "recive_int".长度 := REAL_TO_STRING(DWORD_TO_REAL(ROL(IN := "recive".长度, N := 16)))
3    "recive_int".直径 := REAL_TO_STRING(DWORD_TO_REAL(ROL(IN := "recive".直径, N := 16)))
4
5
6
7
```

图 7-19　转换数据

图 7-20　触摸屏添加新画面

第 2 步：触摸屏功能键设置。在 HMI 组态界面中，利用图标 A 和图标 ▭ 进行功能键设置，并对按钮 F1~F6 进行设置和功能定义，如图 7-21 所示。

第 3 步：触摸屏数值显示框设置。在 HMI 组态界面中，进行长度、直径的数值显示框设置。将元素中的图标 0.12 放置在触摸屏界面中，并利用图标 A 对其进行显示内容的备注，

轴承缺珠的机器视觉检测与分拣

活动导学单

活动主题	硬件场景搭建		课　　时	课时 1
教材	■《机器视觉技术》，陈兵旗编著，化学工业出版社 ■《机器视觉与传感器技术》，邵欣等编著，北京航空航天大学出版社 ■《机器视觉检测技术及应用》，唐霞主编，机械工业出版社			
学习目标	知识目标	1）掌握硬件搭建的方法。 2）掌握相机、镜头、光源等的选型方法。		
	能力目标	1）选型能力：能选择合适的相机与镜头进行硬件的搭建。 2）联调能力：能将工具图形微调到合适的位置。		
	素养目标	1）与企业工程师全方位沟通，了解企业文化，体会企业职业行为和精神。 2）学习大国工匠案例，传承精湛技艺、精益求精的工匠精神。 3）"求精创新，不忘初心"主题演讲，树立强国梦想。		
学习重点	■ 硬件选型			
学习难点	■ 镜头选型与调整			
方法建议	问题导向、协作探究法			

活动方案

课前活动	活动过程
活动一： 企业需求调研， 制作资源	1．调研情况 　　根据学习目标，完成表 1。 表 1　调研情况 | 调研企业		调研时间	
---	---	---	---
参加人员		调研方式		 项目情况： 检测需求： 我对企业的印象：

2. 资源搜集与自主创作

资源的形式有 PPT、轴承的组成动画（可用 SolidWorks 实现）、硬件清单文档、硬件连接动画等。根据要求，完成本项目课前资源整理，见表 2。

表 2　资源收集与自主创作

搜集的资源：

资源名称		获取途径		启示	

创作的资源：

资源名称		获取途径		启示	

3. 硬件清单

初步完成本项目视觉检测硬件清单，见表 3。

表 3　视觉检测项目硬件清单

序号	名称	型号	数量	单位	备注

4. 我的困惑

活动一：企业需求调研，制作资源

课中活动	活动过程
	1. "求精创新、不忘初心" 主题演讲

2. 以组为单位, 交流视觉检测硬件选型

组别	我的观点
初创组	
成长组	
创新组	

3. 你问我答

1) _____

2) _____

3) _____

4) _____

5) _____

6) _____

4. 结合硬件选型的依据, 修改选型清单

活动二:
汇报思路,
你问我答

活动三:
仿真演练,
开放评价

1. 硬件接线注意事项

	2. 硬件连接框图

3. 在交互平台上完成硬件接线，并相互指导

问题现象	
解决方法	

| 活动三：
仿真演练，
开放评价 | 4. 评价反馈 |

组与组展开互评，评价人：_____

考核要点	分值	得分	备注
相机安装的高度	5		
光源选型与接线	10		
光源亮度调整	10		
镜头选择	10		
调焦	10		
整体接线	10		
总分	55		

课后活动	活动过程
活动四： 学习总结与创新	1）与齿轮缺齿视觉检测项目硬件选型与接线相比，本项目的不同之处有哪些？ 2）硬件场景中，光源亮度还有其他调节方式吗？（提升题）

活动主题	定位工具和计数工具的应用	课　时	课时 2

教材	■《机器视觉检测技术及应用》，唐霞主编，机械工业出版社. ■《工业机器人视觉技术及行业应用》，蒋正炎等主编，高等教育出版社 ■《机器人视觉系统研究》，郑志强等著，科学出版社

学习目标	知识目标	1）理解定位工具的参数含义。
		2）掌握圆环段像素统计工具的使用方法及参数的设置。
	能力目标	1）能正确使用定位工具参数设置统计灰度值，实现统计黑色像素与白色像素的切换。
		2）会调整基准起始角度和相对角度到像素统计区域。
	素养目标	1）与企业工程师全方位沟通，学习企业文化，企业工程师给出书面评价，体会企业职业行为和精神。
		2）通过大国工匠案例，传承精湛技艺、精益求精的工匠精神。

学习重点	■ 圆环段像素统计工具的参数设置
学习难点	■ 圆环段像素统计工具起始角度和相对角度的参数设置
方法建议	活动单导学、支架式教学法、协作探究法

活动方案

课前活动	活动过程
活动一： 温故知新， 制作资源	1. 知识回顾 回顾齿轮缺齿视觉检测项目相关知识，填写表1。 表 1　齿轮缺齿视觉检测项目相关知识 <table><tr><td colspan="4">齿轮缺齿视觉检测</td></tr><tr><td>定位工具</td><td></td><td>特点</td><td></td></tr><tr><td>计数工具</td><td></td><td>特点</td><td></td></tr><tr><td colspan="4">本项目拟选择_____定位工具，选择_____计数工具</td></tr></table> 2. 资源搜集与自主创作 　　资源的形式有 PPT、轴承的组成动画（可用 SolidWorks 实现）、硬件清单文档、硬件连接动画等。根据要求，完成本项目课前资源整理，见表2。 表 2　资源搜集与自主创作 <table><tr><td colspan="5">搜集的资源：</td></tr><tr><td rowspan="3">资源 名称</td><td></td><td rowspan="3">获取 途径</td><td></td><td rowspan="3">启示</td></tr><tr><td></td><td></td></tr><tr><td></td><td></td></tr></table>

活动一： 温故知新， 制作资源	创作的资源：

创作的资源：

资源 名称		获取 途径		启示	

3. 本项目工具使用中出现的问题

1）_____

2）_____

3）_____

4）_____

课中活动	活动过程

活动二：
汇报思路，
你问我答

1. "求精创新、不忘初心"主题演讲

2. 以组为单位，交流定位工具和计数工具方法选用

组别	我的观点
初创组	
成长组	
创新组	

3. 你问我答（同学相互）

1）_____

2）_____

3）_____

4. 坡度问题（教师设置）

活动二： 汇报思路， 你问我答	1） _____ 2） _____ 3） _____
	5. 说出本项目正确的定位工具和计数工具

1. 圆环区域内圆周定位工具的使用

定位工具	参数设置	备　　注
工具号		
定位边缘类型		
其余参数		
我出现的问题		

2. 圆环段像素统计计数工具的使用

计数工具	参数设置	备　　注
工具号		
继承类型		
基准起始角度		
相对角度		
像素统计区域个数		
统计灰度最大值		
统计灰度最小值		
像素数目最大值		
像素数目最小值		
我出现的问题		

活动三：
仿真演练，
开放评价

	3. 在交互平台上进行交流与展示

问题现象	
解决方法	

4. 评价反馈

组与组展开互评，评价人：_____

考核要点	分值	得分	备注
定位工具的选用	10		
定位工具参数设置	10		
计数工具的选用	10		
计数工具参数设置	10		
总分	40		

活动三：
仿真演练，
开放评价

课后活动	活动过程
活动四： 学习总结与创新	1）汇总知识，自主出题上传至课程平台，组间交互完成答题。 2）完成轴承缺珠视觉检测项目的脚本程序开发与调试。

活动主题	圆环区域内斑点计数工具的应用	课　　时	课时 3

教材	■《机器视觉技术》，陈兵旗编著，化学工业出版社 ■《机器视觉与传感器技术》，邵欣等主编，北京航空航天大学出版社 ■《机器视觉检测技术及应用》，唐霞主编，机械工业出版社

学习目标	知识目标	1）理解斑点计数工具中边界限制、面积限制、平移的含义。 2）掌握定义变量存储斑点计数工具的程序实现方法。
	能力目标	参数调整能力：会正确调整圆环区域内斑点计数工具的关键参数。
	素养目标	1）与企业工程师沟通，体会企业职业行为和精神。 2）组内协作完成任务，并相互交流。 3）自主搜集大国工匠案例，并上传资源至课程平台，传承精湛技艺、精益求精的工匠精神，营造劳动光荣的社会风尚。

学习重点	■圆环区域内斑点计数工具关键参数调整
学习难点	■确定斑点的位置
方法建议	问题导学、活动单导学、支架式教学法、协作探究法

活动方案

课前活动	活动过程
活动一： 温故知新， 制作资源	1. 知识回顾 　回顾矩形内斑点计数工具相关知识，填写表1。 表1　矩形内斑点计数工具相关知识 **矩形内斑点计数工具** 边界限制的含义 面积限制的含义 本项目拟选择＿＿＿＿定位工具，选择＿＿＿＿计数工具 2. 资源搜集与自主创作 　资源的形式有PPT、轴承的组成动画（可用SolidWorks实现）、硬件清单文档、硬件连接动画等。根据要求，完成本项目课前资源整理，见表2。 表2　资源搜集与自主创作 搜集的资源： 资源名称　　获取途径　　启示 创作的资源：

活动一： 温故知新， 制作资源	资源 名称			获取 途径		启示	

课中活动	活动过程

1. 实物演示

　　学生进行实物演示，两个不同的待检测轴承经过相机时，观察获取的图像有什么不同？

a)　　　　　　　　　b)

　　针对现象，展开讨论：

1) _____

2) _____

3) _____

　　结论：因为_____，必须使用_____

来给像素统计工具提供起始参考角度。

2. 坡度问题（教师设置）

1) _____

2) _____

3) _____

活动二：
你演我看，
你问我答

	1. 斑点计数工具的使用

计数工具	参数设置	备　　注
当前工具号		
斑点属性		
边界限制		
面积限制		
斑点数目范围		
我的问题		

2. 发现问题

"继承类型"选择"平移"和"相对静止"的效果不一样，原因是什么？

原因：

活动三：
仿真演练，
开放评价

3. 以组为单位，汇总斑点计数工具使用中的疑惑

组　　别	我的疑惑	是否已解决
初创组		
成长组		
创新组		

4. 评价反馈

组与组展开互评，评价人：＿＿＿＿＿＿＿＿＿

考核要点	分值	得分	备注
装载检测图片	5		
"常规"相关参数设置	5		
"选项"相关参数设置	5		
其余参数设置	5		
总分	20		

课后活动	活动过程
活动四： 学习总结与创新	汇总知识，自主出题上传至课程平台，组间交互完成答题。

活动主题	像素统计工具中心随动定位工具中心		课　时	课时 4
教材	■《机器视觉技术》，陈兵旗编著，化学工业出版社 ■《机器视觉与传感器技术》，邵欣等主编，北京航空航天大学出版社 ■《机器视觉检测技术及应用》，唐霞主编，机械工业出版社			
学习目标	知识目标	1）掌握定义变量存储斑点计数工具的程序实现方法。 2）掌握像素统计工具输入区域的中心坐标等于定位工具中心坐标的程序实现方法。		
	能力目标	程序调试能力：能正确使用工具参数设置与脚本程序编写两种方法，实现像素统计工具中心随动。		
	素养目标	学会合作，具有较好的团队合作精神。		
学习重点	■ 像素统计工具中心、斑点中心随动对应的脚本程序设计			
学习难点	■ 像素统计工具中心坐标等于定位工具中心坐标的程序实现方法			
方法建议	活动单导学、支架式教学法、协作探究法			

活动方案

课前活动	活动过程
活动一： 温故知新， 制作资源	1. 解决像素统计工具中心随动定位工具中心问题的方法 2. 知识回顾 　　回顾获取定位工具中心坐标的步骤。 　　第 1 步： 　　第 2 步： 　　第 3 步： 3. 资源搜集与自主创作 　　资源的形式有 PPT、轴承的组成动画（可用 SolidWorks 实现）、硬件清单文档、硬件连接动画等。根据要求，完成本项目课前资源整理，见表 1。 <div align="center">表 1　资源搜集与自主创作</div>

搜集的资源：

资源 名称		获取 途径			启示	

创作的资源：

资源 名称		获取 途径			启示	

	4. 小组讨论
	查阅脚本程序手册，记录区域运算函数格式；分小组讨论该函数在脚本随动程序开发中的应用。
活动一： 温故知新， 制作资源	1）_____ 2）_____ 3）_____
	5. 完成平台上的课前自测题
课中活动	活动过程
活动二： 汇报思路， 你问我答	1. "求精创新、不忘初心"主题演讲 2. 小组交流 　　以组为单位，交流对像素统计工具中心随动定位工具中心的理解。 | 组　别	我的观点
初创组	
成长组	
创新组	| 3. 根据中心随动动画，形成脚本程序编写思路 1）_____ 2）_____ 3）_____ 4. 坡度问题（教师设置） 1）_____ 2）_____ 3）_____

<table>
<tr><td rowspan="10">活动三：
仿真演练，
开放评价</td><td colspan="2">
1. 定义新变量

　　正确使用区域运算函数，以锁定检测区域。

_____ dynobject_circleloop（_____）

2. 获取圆周定位工具的中心坐标
</td></tr>
</table>

1. 定义新变量

　　正确使用区域运算函数，以锁定检测区域。

_____ dynobject_circleloop （_____）

2. 获取圆周定位工具的中心坐标

任　务	脚本程序
获取定位工具中心的 X 坐标	
获取定位工具中心的 Y 坐标	

3. 取出斑点计数工具的中心坐标

任　务	脚本程序
取出斑点计数工具的中心 X 坐标	
取出斑点计数工具的中心 Y 坐标	

4. 完成赋值

斑点计数工具的中心坐标	定位工具的中心坐标

5. 完成任务

　　自主完成像素统计工具中心坐标等于圆周定位工具中心坐标的脚本程序。

　　1）_____

　　2）_____

　　3）_____

　　4）_____

6. 交流展示

　　在交互平台上进行交流与展示

问题现象	
解决方法	

	7. 评价反馈

<table>
<tr><td colspan="2">组与组展开互评，评价人：_____</td></tr>
</table>

活动三：
仿真演练，
开放评价

考核要点	分值	得分	备注
if（）else	5		
定义变量 c1/c2	5		
计数工具中心坐标等于圆定位工具中心坐标	10		
总分	20		

课后活动	活动过程

活动四：
学习总结与创新

1）基于记录的所有问题，自主出题并上传至课程平台，组间交互完成答题。

2）完成轴承缺齿项目的视觉脚本程序开发与调试，在虚拟仿真平台上演示并将作业上传至课程平台。

活动主题	像素统计计数工具起始角度的确定		课　　时	课时 5
教材	■《机器视觉技术》，陈兵旗编著，化学工业出版社 ■《机器视觉与传感器技术》，邵欣等主编，北京航空航天大学出版社 ■《机器视觉检测技术及应用》，唐霞主编，机械工业出版社			
学习目标	知识目标	1）掌握使用 pointnew 函数新建得分最高的白色斑点中心坐标的方法；理解新建点函数及其含义。		
		2）掌握使用 dotdotang 函数新建像素统计工具的起始角度的方法。		
	能力目标	脚本函数灵活运用能力：会正确使用 pointnew 函数新建得分最高的白色斑点中心坐标；会正确使用 dotdotang 函数新建点点方向性角度。		
	素养目标	1）与企业工程师全方位沟通，学习企业文化，企业工程师给出书面评价，体会企业职业行为和精神。 2）通过大国工匠案例、优秀校友视频连线讲座等，传承精湛技艺、精益求精的工匠精神。		
学习重点	■ 圆环段内像素统计计数工具起始角度脚本程序编写			
学习难点	■ 试触法确定像素统计计数工具起始角度			
方法建议	活动单导学、支架式教学法、协作探究法			
课前活动	活动过程			
活动一： 温故知新， 制作资源	1. 知识回顾 　　如何编写脚本程序，获得得分最高的斑点？			

1. 知识回顾
　　如何编写脚本程序，获得得分最高的斑点？

脚本程序	作用
if （＿＿＿＿＿ && ＿＿＿＿＿）	
{ max = ＿＿＿＿＿＿＿＿	
for （＿＿＿＿; ＿＿＿＿; ＿＿＿＿）	
{ if （＿＿＿＿＿＿＿＿）	
{＿＿＿＿＿＿＿＿；	
＿＿＿＿＿＿＿＿；	
＿＿＿＿＿＿＿＿；	
}	
}	
}	

活动一： 温故知新， 制作资源	**2. 程序编写** 　　参照齿轮缺齿视觉检测项目，完成轴承缺珠视觉检测项目的脚本程序，并上传。 **3. 资源搜集与自主创作** 　　资源的形式有PPT、轴承的组成动画（可用SolidWorks实现）、硬件清单文档、硬件连接动画等。根据要求，完成本项目课前资源整理，见表1。 表1　资源搜集与自主创作

搜集的资源：

资源 名称		获取 途径		启示	

创作的资源：

资源 名称		获取 途径		启示	

课中活动	活动过程

活动二： 一起找茬， 设置问题	**1. 发现问题** 　　以组为单位，交流轴承缺珠视觉检测程序设计时出现的问题。

组　　别	问题现象
初创组	
成长组	
创新组	

2. 纠正错误

　　打开"程序编写"调试交互平台，开始"大家一起找茬"游戏。

语法错误	1)	正确语法	1)
	2)		2)
	3)		3)
	4)		4)
逻辑错误	1)	正确逻辑	1)
	2)		2)
	3)		3)
	4)		4)

活动二： 一起找茬， 设置问题	3. 坡度问题 　　按轴承缺珠检测要求，设置坡度问题。 　　1)　＿＿＿＿＿＿＿＿＿＿＿＿＿＿＿＿＿＿＿＿＿＿ 　　2)　＿＿＿＿＿＿＿＿＿＿＿＿＿＿＿＿＿＿＿＿＿＿ 　　3)　＿＿＿＿＿＿＿＿＿＿＿＿＿＿＿＿＿＿＿＿＿＿ 4. 形成脚本程序编写思路
活动三： 仿真演练， 开放评价	1. 定义变量 | 变量名	初始值 | |---|---| | | | | | | | | | | | | 2. 完善课前作业，编程实现"找到得分最高的白色斑点" 3. 编程实现 　　取出"得分最高的白色斑点"。 | 脚本程序 | |---| | ＿＿＿＿＿＝＿＿＿＿＿＿＿＿＿＿＿＿＿＿＿＿＿＿＿； | | ＿＿＿＿＿＝＿＿＿＿＿＿＿＿＿＿＿＿＿＿＿＿＿＿＿； | 4. 分组协作 　　分组查阅脚本手册，记录新建点函数和新建起始角度函数的格式。 | 函　数 | 释　义 | |---|---| | pointnew（＿＿＿＿，＿＿＿＿）； | | | dotdotang（＿＿＿＿，＿＿＿＿）； | |

	讨论：　1)　_____ 　　　　2)　_____ 　　　　3)　_____

5. 新建点函数、点点方向性角度函数的应用

目　标	对应程序
以得分最高的斑点的中心坐标新建一个点	
建立点点方向性角度	
试触法调整起始角度	

问题：　1)　_____
　　　　2)　_____
　　　　3)　_____
　　　　4)　_____
　　　　5)　_____
　　　　6)　_____

活动三：
仿真演练，
开放评价

6. 评价反馈

　　组与组展开互评，评价人：_____

考核要点	分值	得分	备注
定义 5 个变量	10		
if（ ）else（ ）	10		
for（ ）循环	10		
新建点	10		
点点方向性角度	10		
调整基准起始角度	10		
总分	60		

课后活动	活动过程
活动四： **学习总结与创新**	1）基于记录的所有问题，自主出题并上传至课程平台，组间交互完成答题。 　2）完成轴承缺齿视觉检测项目的脚本程序调试，在虚拟仿真平台上演示并将作业上传至课程平台。 　3）虚拟仿真软件的结果如何输出？

活动主题	视觉输出与触摸屏显示		课　时	课时 6
教材	■《机器视觉检测技术及应用》，唐霞主编，机械工业出版社 ■《工业机器人视觉技术及行业应用》，蒋正炎等主编，高等教育出版社 ■《机器人视觉系统研究》，郑志强等著，科学出版社			
学习目标	知识目标	掌握触摸屏中视觉检测数值型全局变量的显示方法。		
	能力目标	能正确地在触摸屏组态中进行数值型全局变量的参数设置，能够通过触摸屏进行白色像素判定基准值的设定。		
	素养目标	1）与企业工程师沟通，体会企业职业行为和精神。 2）组内协作完成任务，创新组同学指导其他组，相互交流。 3）养成编程习惯。 4）培养"学习观察员"，促进少数后进学员不断获得学习认同感。		
学习重点	■ 触摸屏中视觉检测数值型全局变量的显示方法			
学习难点	■ 触摸屏中数据输入框对象地址的设置			
方法建议	问题导向、协作探究法			
活动方案				
课前活动	活动过程			
活动一： 企业需求调研， 制作资源	1. 调研情况 　　根据学习目标，完成表 1。 表 1　调研情况 {调研表} 2. 资源搜集与自主创作			

表 1　调研情况

调研企业		调研时间	
参加人员		调研方式	
项目情况：			
视觉输出触摸屏显示需求：			
我对企业的印象：			

<table>
<tr><td rowspan="2">活动一：
企业需求调研，
制作资源</td><td colspan="5">　　资源的形式有 PPT、视觉输出触摸屏显示需求文档、触摸屏组态构
建画面、构建录屏等。根据要求，完成本项目课前资源整理，见表 2。</td></tr>
</table>

　　资源的形式有 PPT、视觉输出触摸屏显示需求文档、触摸屏组态构建画面、构建录屏等。根据要求，完成本项目课前资源整理，见表 2。

表 2　资源搜集与自主创作

搜集的资源：

资源 名称		获取 途径		启示

创作的资源：

资源 名称		获取 途径		启示

3. 视觉输出触摸屏显示的组态构建步骤

　　初步完成本项目步骤列表，见表 3。

表 3　视觉输出触摸屏显示的组态构建步骤列表

序号	操作内容	目的	易错点	备注

4. 我的困惑

课中活动	活动过程
	1. "求精创新、不忘初心"主题演讲
	2. 以组为单位，交流视觉输出触摸屏显示方案
活动二： 汇报思路， 设置问题	<table><tr><td>组别</td><td>我的观点</td></tr><tr><td>初创组</td><td></td></tr><tr><td>成长组</td><td></td></tr><tr><td>创新组</td><td></td></tr></table> 3. 你问我答 1）_____ 2）_____ 3）_____ 4）_____ 5）_____ 6）_____ 4. 结合提出的现场检测问题，修改触摸屏显示方案
活动三： 仿真演练， 开放评价	1. 触摸屏数值型全局变量设置的易错点

	2. 操作的过程和步骤
活动三： 仿真演练， 开放评价	3. 在交互平台上完成效果仿真，并相互指导
	4. 评价反馈 　组与组展开互评，评价人：_____

考核要点	分值	得分	备注
X-Sight 中 Modbus 配置输出	10		
Touchwin 中数据输入对象类型设置	10		
其余参数设置	10		
触摸屏视觉显示	10		
总分	40		

问题现象	
解决方法	

课后活动	活动过程
活动四： 学习总结与创新	1）视觉检测触摸屏输出的关键点是什么？ 2）在检测过程中，触摸屏还可以有其他类型的视觉显示吗？（提升题）

活动主题	视觉检测输出与工业机器人自动分拣	课　时	课时 7
教材	■《机器视觉检测技术及应用》，唐霞主编，机械工业出版社 ■《工业机器人视觉技术及行业应用》，蒋正炎等主编，高等教育出版社 ■《机器人视觉系统研究》，郑志强等著，科学出版社		

学习目标	知识目标	1）理解自动视觉检测触发方式的作用。 2）掌握外部触发方式的硬件、软件实现方法。
	能力目标	1）触发方式设置能力：能正确选用视觉检测触发方式以实现自动视觉检测。 2）实操能力：会熟练进行硬件接线和软件设置，完成自动化视觉检测。
	素养目标	1）与企业工程师沟通，组内协作完成任务，并相互交流；体会企业职业行为和团队合作精神。 2）自主搜集大国工匠案例，并上传资源至课程平台，传承精湛技艺、精益求精的工匠精神，营造劳动光荣的社会风尚。 3）培养"学习观察员"，促进少数后进学员不断获得学习认同感。 4）实践安全操作规范、7S 规范要求等；树立安全责任意识，明确责任，培养良好的职业行为习惯。 5）"工匠之星"评选，进一步激发"精益求精、追求卓越"的价值取向和精神追求。

学习重点	■ 自动视觉检测触发方式的选择
学习难点	■ 外部触发方式的硬件、软件实现方法
方法建议	问题导向、协作探究法

活动方案	
课前活动	活动过程
活动一： 企业需求调研， 制作资源	1. 调研情况 　　根据学习目标，完成表 1。 **表 1　调研情况** <table><tr><td>调研企业</td><td></td><td>调研时间</td><td></td></tr><tr><td>参加人员</td><td></td><td>调研方式</td><td></td></tr><tr><td colspan="4">项目情况：</td></tr></table>

机器人视觉检测自动分拣系统方案硬件接线框图（标出 PLC 和光源控制器之间的连接）：

我对企业的印象：

2. 资源搜集与自主创作

资源的形式有 PPT、机器人视觉检测自动分拣系统硬件连接框图等。根据要求，完成本项目课前资源整理，见表2。

表2 资源搜集与自主创作

搜集的资源：

资源名称		获取途径		启示	

创作的资源：

资源名称		获取途径		启示	

3. 机器人视觉检测自动分拣系统构建步骤

初步完成本项目步骤列表，见表3。

表3 机器人视觉检测自动分拣系统构建步骤列表

序号	元件或设备	作用	采用端子	连接对象

活动一：
企业需求调研，
制作资源

活动一： 企业需求调研， 制作资源	4. 我的困惑
课中活动	活动过程
活动二： 汇报思路， 设置问题	1. "求精创新、不忘初心"主题演讲 2. 交流实施方案 　　以组为单位，交流机器人视觉检测自动分拣系统硬件接线图具体实施方案。 3. 你问我答 4. 方案修改 　　结合提出的无法实现自动分拣的问题，修改机器人视觉检测自动分拣系统方案。

2. 交流实施方案

组　　别	我的观点
初创组	
成长组	
创新组	

3. 你问我答

1) _____

2) _____

3) _____

4) _____

5) _____

6) _____

活动三： 仿真演练， 开放评价	1. 机器人视觉检测自动分拣系统的关键技术点
	2. 操作的过程和步骤（硬件和软件）
	3. 在仿真平台上完成设置，进行实操，并相互指导

问题现象	
解决方法	

4. 评价反馈

组与组展开互评，评价人：_____

考核要点	分值	得分	备注
自动分拣调试效果	10		
7S 规范	10		
安全操作规范	10		
总分	30		
工匠之星评选			
我觉得，本期工匠之星为：		同学	

课后活动	活动过程
活动四： 学习总结与创新	1）在机器人视觉分拣系统调试过程中，硬件、软件及调试中的易错点有哪些？ 2）检测过程中，在视觉检测方式和视觉显示效果上还可以有哪些完善和提升？（提升题）

如图 7-22 所示。最后，对长度和直径的数值显示框进行变量连接，如图 7-23 所示，即可完成设置。

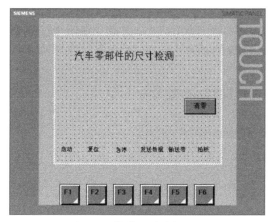

图 7-21 触摸屏功能键设置

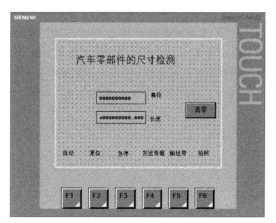

图 7-22 触摸屏数值显示框设置

图 7-23 数值显示框变量连接

【康耐视视觉检测篇】

任务7.5 执行思路

基于康耐视检测软件的汽车零部件尺寸视觉检测执行思路如图 7-24 所示。

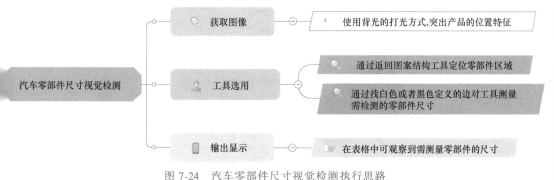

图 7-24 汽车零部件尺寸视觉检测执行思路

任务 7.6 显示图像

打开康耐视检测软件，右击左边的图标 ，选择"显示电子表格视图"。单击"文件"，选择"打开图像"。插入待检测的图片，就可以显示该图片，如图 7-25 所示。单击图标██可以查看图片。

图 7-25 显示图像

任务 7.7 定位零件

在表格中添加"FindPatterns"定位工具，"模型区域"选择需要检测的零件区域，"查找区域"选择最大化图标，将"角度范围"改为"180"，如图 7-26 所示。

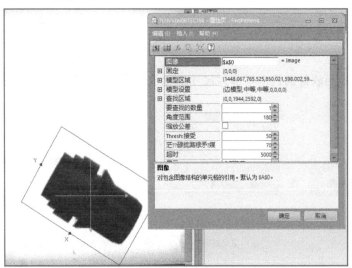

图 7-26 定位零件区域

任务7.8 测量零件尺寸

在表格中添加"FindSegment"找边对工具,"固定"选择上面定位的"行""Col""角度","区域"选择零件区域,"片段颜色"为"黑","合格阈值"改为"7","角度范围"改为"10",如图 7-27 所示,测量结果如图 7-28 所示。

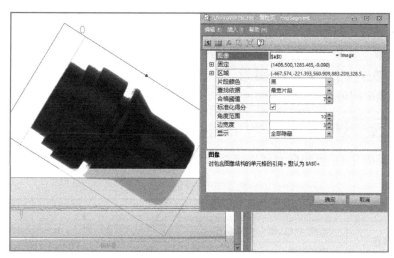

图 7-27 测量零件尺寸

	A	B	C	D	E	F	G	H	I
0	⊞Image								
1									
2		索引	行	Col	角度	缩放比例	得分		
3	⊞Patterns	0.000	1408.500	1283.465	-0.090	100.000	100.000		
4									
5	长度	距离	得分						
6	⊞Edges	693.741	28.473						
7	直径	距离	得分						
8	⊞Edges	346.734	34.695						
9									
10	33.061	长度实际距离							
11	16.524	直径实际距离							
12									
13									
14									
15									
16									
17									
18									
19									
20									
21									

图 7-28 显示测量结果

【工程师在线】

在拿放汽车零部件时,可能会发生碰撞、摩擦,使零件缺损。加工零部件时,零部件表

7

CHAPTER

面可能会产生毛刺。零部件的缺损与毛刺都会影响视觉检测结果。如果零部件有毛刺或者缺损，该如何检测？

【知识闯关】

1. 30 万/120 万/500 万相机的短边像素数分别为（　　）、（　　）、（　　），用（　　）除以（　　），得出的每个像素对应的实际距离为 0.187mm、0.093mm、0.046mm。

2. 相机像素越大，像素数目（　　　　　　）。

3. 由于本项目待测零部件厚度较大，选用（　　　　　　）。

4. 极值求取工具中，参数"最大值"是指（　　　　　　　）。

5. 编写零部件尺寸测量脚本程序时，可用（　　　　　　）函数分别获取零部件上下两条边的极小值点之间的距离，用（　　　　　　）函数获取零部件的直径距离。

【评价反馈】

项目评价见表 7-3，可采取自评互评相结合的评价反馈方式。

表 7-3　项目评价表

内　　容	评 价 要 点	分值	得分
硬件选型与搭建	光源、相机、镜头选型	5分	
	硬件搭建	5分	
图片装载	新建工程文件，保存文件，装载图片	2分	
定位及计数工具使用	轮廓定位工具使用及参数设定	5分	
	极值求取工具使用及参数设定	10分	
	矩形内线计数工具使用及参数设定	10分	
脚本程序设计	使用 X-Sight 软件建立脚本，添加全局变量，设定初始值	3分	
	是否定位到零件	10分	
	获取零部件长度尺寸	10分	
	获取零部件直径尺寸	10分	
	像素尺寸的转化	10分	
视觉结果输出与仿真	Modbus 配置	10分	
	Modbus 仿真	10分	
总分		100分	

【延伸阅读】

工匠寄语： 我希望我和我的工友们就像这个铆钉一样，就铆在自己的岗位上，发挥自身的最大价值！

个人事迹：

薛莹，航空工业西飞国航厂的国际合作波音 737-300 垂直尾翼可卸前缘组件装配

师。20多年来，薛莹安装的铆钉已经不计其数，她所在的班组为波音737-700垂直尾翼可卸前缘班，是西飞国航厂与美国波音公司的合作项目，生产波音737系列飞机的垂直尾翼前缘。薛莹把保持飞机稳定的垂尾前缘部分形容为人的鼻梁骨，在万米高空迎风受力，垂尾前缘上任何一道细小的划痕，或者铆钉安装的缺陷，都有可能造成飞机尾翼撕裂，导致机毁人亡的灾难。

进入航空工业西飞国航厂半年后，薛莹这个到处学手艺的"游击队员"就掌握了全部生产流程，提前半年独立上岗操作。不到八年时间，年轻的薛莹就因为业务能力强、工作热情高而被提拔为班长，变成了老师傅们的领导者。身材矮小纤弱的薛莹，不仅要在短时间内学会娴熟地操作铆枪和风动锯，一天八小时不停地走来走去，还要将70多千克重的垂尾前缘扛上扛下。为了不划伤蒙皮表面，爱美的薛莹不能佩戴手表和任何首饰，也不能留长指甲。家人的支持，帮助薛莹不断突破事业上的瓶颈，为中国自主研发的大飞机制造积累了丰富而宝贵的经验。她在工作笔记中写道："我工作的这20年是我国航空工业发展的20年，我国航空工业完成了从望尘莫及到望其项背，再到同台竞技的转变。"

7

CHAPTER

参 考 文 献

[1] 包挺，唐霞，王莉莉，基于机器视觉的汽车减震盘缺陷检测系统开发 [J]. 山东工业技术，2018
    (21)：1-2.
[2] 无锡信捷电气股份有限公司. 视觉脚本使用手册 [Z]. 2016.
[3] 陈兵旗. 机器视觉技术 [M]. 北京：化学工业出版社，2018.
[4] 邵欣，马晓明，徐红英. 机器视觉与传感器技术 [M]. 北京：北京航空航天大学出版社，2017.
[5] 蒋正炎，许妍妩，莫剑中. 工业机器人视觉技术及行业应用 [M]. 北京：高等教育出版社，2018.
[6] 郑志强，卢惠民，刘斐. 机器人视觉系统研究 [M]. 北京：科学出版社，2015.